电力企业信息化项目预算编审指南

国网河北省电力有限公司经济技术研究院　编著

·北京·

内 容 提 要

本书主要内容包括电力企业信息化项目概述、可研及预算编制方法、可研及预算审核方法、信息化项目案例分析等。

本书可供电力企业各相关部门（单位）信息化建设专业技术人员、各级管理人员及第三方服务单位相关人员阅读，也可供电力企业其他有关人员参考。

图书在版编目（CIP）数据

电力企业信息化项目预算编审指南 / 国网河北省电力有限公司经济技术研究院编著. -- 北京 : 中国水利水电出版社, 2021.10

ISBN 978-7-5170-9754-9

Ⅰ. ①电… Ⅱ. ①国… Ⅲ. ①电力工业－企业信息化－项目管理－预算管理－指南 Ⅳ. ①F407.61-62

中国版本图书馆CIP数据核字(2021)第142833号

书　名	电力企业信息化项目预算编审指南 DIANLI QIYE XINXIHUA XIANGMU YUSUAN BIANSHEN ZHINAN
作　者	国网河北省电力有限公司经济技术研究院　编著
出版发行	中国水利水电出版社 （北京市海淀区玉渊潭南路1号D座　100038） 网址：www.waterpub.com.cn E-mail：sales@waterpub.com.cn 电话：(010) 68367658（营销中心）
经　售	北京科水图书销售中心（零售） 电话：(010) 88383994、63202643、68545874 全国各地新华书店和相关出版物销售网点
排　版	中国水利水电出版社微机排版中心
印　刷	北京博图彩色印刷有限公司
规　格	140mm×203mm　32开本　5.25印张　146千字
版　次	2021年10月第1版　2021年10月第1次印刷
印　数	0001—1500册
定　价	**85.00**元

编　委　会

主　任　冯喜春　郭占伍

副主任　王林峰　吴希明　葛朝晖　高景松　王　涛

委　员　赵丙军　邵　华　魏孟举　徐　宁　张　菁　刘　洋　柴林杰　张文静

主　编　徐　宁　王林峰

副主编　凌云鹏　王冬超　刘　云

参　编　周　波　李维嘉　郭振新　赵　贤　王艳芹　董　娜　杨　楠　赵子豪　亓彦珣　徐　楠　宋　妍　聂　婧　李中伟　丁　荣　田　娜　陈志宾　王立功　张培勋　张维峰　赵运广　石海涛

前言

近年来，随着互联网、云计算等IT技术的蓬勃发展和广泛应用，信息系统尤其是软件系统对于推动各行业发展及转型都起到至关重要的作用。随着信息系统建设力度的加大，如何对软件项目费用进行科学合理的测算评估，提升软件项目费用量化管理水平，为信息化软件项目费用审计提供可靠依据，成为各电力企业亟待解决的关键问题。

2018年，国家标准《软件工程　软件开发成本度量规范》（GB/T 36964—2018）正式颁布，明确了基于软件项目的功能规模及行业基准数据的测算评估模型以及相关调整因子，规范了相关软件成本度量工作。本书在遵循国家标准《软件工程　软件开发成本度量规范》（GB/T 36964—2018）的基础上，结合电力企业信息化项目特点，提出了可行性研究报告及项目预算编制审核方法。本书适用于电力企业信息化建设项目可行性研究估算、初步设计概算以及施工图预算编制和审查，工程结算及竣工决算可参考使用。为便于读者的理解与实际运用，书中提供了项目案例作为参考。旨在为电力企业及第三方服务单位相关人员进行信息化项目可研及预算编制、审核工作提供参考。

限于编者水平，书中难免有疏漏不妥之处，恳请各位专家、读者提出宝贵意见。

作者

2021 年 4 月

目 录

第1章　电力企业信息化项目概述

本章依据电力企业信息化项目特点，定义了电力企业信息化项目相关术语、项目分类、各类项目的费用构成和计算规定。

1.1　术语和定义

1.1.1　项目预算

项目预算是指以可行性研究报告、初步设计概要以及设计施工图为依据，按照费用估算方法、定额等计价依据，对拟建项目所需总投资及其构成进行的预测和计算。

可行性研究估算、初步设计概算和施工图预算统称为项目预算。

1. 可行性研究估算

可行性研究估算是指以可行性研究文件为依据，按照有关标准及估算指标、定额等计价依据，对拟建项目所需总投资及其构成进行的预测和计算。

2. 初步设计概算

初步设计概算是指信息化项目以概要设计文件为依据，按照本细则及概算指标、定额等计价依据，对建设项目总投资及其构成进行的预测和计算。

3. 施工图预算

施工图预算是指以施工图设计文件为依据，按照本细则及预算指标、定额等计价依据，对工程项目的工程造价进行的预测和计算。

1.1.2　咨询设计费

咨询设计费是指针对信息化项目进行专项研究和设计服务所

发生的费用。

1.1.3　系统开发实施费

系统开发实施费主要指完成系统开发实施类项目所涉及的需求分析、方案设计、系统开发、单元测试、集成测试、安装部署、用户培训、试运行、用户接受测试等工作所需的费用，包括系统开发费和系统实施费。

1.1.4　业务运营费

业务运营费是指完成业务系统迁移入池、系统性能优化等工作所需的费用。

1.1.5　数据工程费

数据工程费是指为满足大数据前沿技术和应用业务，完成数据资源整合相关任务所需的费用。

1.1.6　软硬件设备购置费

软硬件设备购置费是指为项目建设而购置各种软硬件设备，并将其运至施工现场指定位置所发生的费用，包括软件购置费和硬件购置费。

一、软件购置费

软件购置费是指信息化建设项目中，所需购置的基础软件、安全软件及其他商用软件的采购费用。购置费中要包含必要的软件产品安装和调试费用，如果无须产品供应商安装调试，相关费用不需计入。

二、硬件购置费

硬件购置费是指信息化建设项目中，所需购置的基础硬件、网络设备、安全产品、运维产品等硬件主设备、辅助设备，以及材料费用、从供货地点（生产厂家、交货货站或供货商仓库）运至施工现场指定位置所发生的费用，包括设备购置费和材料费。购置费中要包含必要的硬件产品安装和调试费用，如果无须产品供应商安装，相关费用不需计入。

1. 设备购置费

设备购置费是指为项目建设而购置各种设备，并将其运至施工现场指定位置所发生的费用，包括设备的运输费、运输保险费，以及仓储保管费等。

2. 材料费

材料费是指施工过程中耗费的构成生产工艺系统实体的工艺性材料的费用。

材料包括信息化项目建设过程中必需的、设备本体以外的零配件、附件、成品、半成品等，如网线、电缆、电线、管材、槽盒、控制按钮、信号灯、接线盒、熔断器等。

材料费包括材料原价、供销部门手续费、包装费、装卸费、运输费及运输路途损耗、采购费、保管费、材料试验费。

1.1.7 建设建安工程费用

建设建安工程费用主要指涉及机房环境或试验环境的装修装饰建筑工程费、设备购置费以及设备的安装工程费。

1.1.8 其他费用

其他费用（除建设类项目外）是指为完成工程项目建设所必需的费用，主要包括项目建设管理费、项目建设技术服务费和第三方测试费。

一、项目建设管理费

项目建设管理费是指信息化项目建设的项目法人自筹建至竣工验收合格并移交过程中产生的，对工程进行组织、管理、协调、监督等工作所发生的费用，包括招标费和项目监理费。

1. 招标费

招标费是指按招投标法及有关规定开展招标工作，自行组织或委托具有资格的机构编制审查技术规范书、最高投标限价、标底、工程量清单等招标文件的前置文件，以及委托招标代理机构进行招标所需要的费用。

2. 项目监理费

项目监理费是指依据国家有关规定和规程规范要求，项目法人委托项目监理机构对建设项目全过程实施监理所支付的费用。

二、项目建设技术服务费

项目建设技术服务费是指委托具有相关资质的机构或企业，开展建设项目前期专题研究、编制和评估项目建议书或者可行性研究报告，以及其他与建设项目前期工作有关的技术服务和技术支持所发生的费用。

三、第三方测试费

第三方测试费是指系统上线试运行前由第三方评测机构对信息系统进行功能、性能、安全性，以及项目合同内容符合度、公司信息化架构和技术要求符合度等，根据需要开展软硬件兼容性集成测试所发生的费用。

1.1.9　其他

一、信息系统

信息系统是由计算机、网络及其相关设备、设施构成的，按照一定的应用目标和规则对信息进行采集、加工、存储、传输、检索等处理的人机系统。

二、功能点

功能点是衡量软件功能规模的度量单位。

三、生产率

生产率是指开发每功能点的项目任务所消耗的人时数。

四、规模调整因子

规模调整因子是指在软件规模估算的不同场景中，软件需求蔓延和隐含需求对规模的影响程度。

五、工作量调整因子

工作量调整因子是指根据软件项目类型、质量要求、开发因素等影响开发工作量的因子设定的取值。

1.2　信息化项目分类和费用计算规定

按照项目特点，电力企业信息化项目，通常可分为咨询设计类项目、系统开发实施类项目、业务运营类项目、数据工程类项目、软硬件设备购置类项目、建设类项目等。

1.2.1 咨询设计类项目

1.2.1.1 项目定义

咨询设计类项目是指针对生产、经营、管理和企业决策实践提出的咨询设计类任务，主要包括业务诊断咨询、企业信息化战略规划方案咨询、企业信息化架构设计、系统技术方案设计与论证等任务。

1.2.1.2 费用构成

咨询设计费由咨询服务费、设计服务费和其他费用等构成，见表1-1。

表1-1　　咨询设计费构成表

费用分类	费用构成
咨询设计费	包括业务诊断咨询费、信息化战略方案、企业信息化架构设计、方案设计服务费等

1.2.1.3 计算规定

计算公式如下：

咨询设计费＝咨询设计工作量（人·天）×人天费率

1. 咨询设计工作量

采用工作分解结构法（WBS）估算咨询设计工作量，将咨询设计任务逐级分解为若干个相对独立的任务，并根据每个任务所需人员数量和天数计算单个任务的工作量。各个任务的工作量累加起来得出该咨询设计任务的总工作量。

2. 人天费率

咨询设计工作人天费率按2500元/(人·天）计列。

1.2.2 系统开发实施类项目

1.2.2.1 项目定义

系统开发实施类项目是指为满足组织的业务需求，通过定制开发的方式实现软件应用的工程项目，包括需求分析、系统设计、系统开发、内部测试，以及系统实施方案编制、软硬件环境准备、信息系统部署和调试、数据收集和初始化、操作人员培训、用户测试、上线测试和上线支持等工作内容。

说明：按电力行业相关文件，系统开发包括系统功能开发和系统集成开发，集成实施包括系统实施和系统集成实施。系统集成接口开发工作量计入系统功能开发工作量中。

系统集成开发是指本端系统首次与其他系统集成的通道开发工作，不含接口开发，工作量基数为 13（人·天）/系统。

系统集成实施是指系统之间本端和对端的集成联调工作。采用功能点方法估算工作量和费用，本部分的内容已经包含到了系统实施费用中了，不再另行计算。

1.2.2.2　费用构成

系统开发实施费由系统开发费、系统集成开发费、系统实施费、系统集成实施费和其他费用等构成，见表 1－2。

表 1－2　　系统开发实施费及其他费用构成表

序号	费用分类	费用构成	
一	系统开发实施费	系统开发费、系统集成开发费、系统实施费（含系统集成实施费）	
二	其他费用	项目建设技术服务费	1. 可行性研究文件编制费。 2. 项目设计费（第三方）。 3. 设计文件评审费
		第三方测试费	
		其他费用按需计列	

1.2.2.3　计算规定

系统开发实施费计算公式如下：

系统开发费＝系统总体工作量×系统开发工作量占比×系统开发人天费率

系统集成开发费＝13×(本端系统数量＋对端系统数量)×系统开发人天费率

系统实施费＝系统总体工作量×系统实施工作量占比×系统实施人天费率

$$系统总体工作量=\left(\begin{matrix}调整后\\规模\end{matrix}\times\begin{matrix}基准\\生产率\end{matrix}\right)\Big/8\times\begin{matrix}工作量\\调整因子\end{matrix}$$

（1）调整后规模=软件规模（功能点数）×规模调整因子，规模调整因子的取值，见表1-3。

表1-3　　　　规模调整因子取值表

规模估算方法	应用场景	规模调整因子
预估功能点	新开发（数据功能和事务功能全部新建）	1.39
估算功能点	在已有应用系统基础上做功能升级或修改	1.21
	采用已有的数据功能完成新应用的开发	1.21
	新开发（数据功能和事务功能描述非常详细）	1.21

（2）基准生产率数据取值是根据2020年《中国软件行业基准数据》，采用能源行业软件开发生产率中位数6.90（人·时）/功能点，该生产率为项目自需求分析到项目交付验收期间的数据，可根据行业基准数据的变化适时进行调整。

（3）系统开发和系统实施工作量占比数据取值依据为2020年《中国软件行业基准数据》中的软件开发各阶段工作量占比，该数据可根据基准数据的变化适时进行调整。

（4）工作量调整因子包括软件因素调整因子、开发因素调整因子，以及前端应用与中台数据的关系调整因子，涵盖了业务复杂度、技术复杂度和工作量调整因子。

（5）人天费率。系统开发人天费率按2100元/（人·天）计列，系统实施人天费率按1500元/（人·天）计列。

软件规模、工作量和费用的估算方法和计算规则，请参见第2章软件费用估算过程相关内容。

其他费用计算见1.2.7。

1.2.3 业务运营类项目

1.2.3.1 项目定义

业务运营类项目是指为满足系统正常运行而进行的系统迁移入池、系统性能优化等工作。

业务系统迁移入池是指系统物理迁移上云后平台侧的配合支撑工作，包括前期调研、制定迁移方案、切换前应用系统测试、系统切换、切换后应用系统测试、业务应用并轨、业务应用单轨等工作。

系统性能优化主要是指为了解决业务响应耗时较长、系统架构设计不合理、系统运行不稳定、业务运行健壮性不足等问题，针对存储、主机、操作系统、数据库、中间件、网络等方面的调优工作，具体工作包含需求调研、分析诊断、方案测试和优化实施。

1.2.3.2 费用构成

业务运营费由完成系统迁移入池费、系统性能优化费及其他相关费用构成，见表1-4。

表1-4 业务运营费过程表

序号	费用分类	费用构成
一	业务运营费	系统迁移入池费、系统性能优化费等
二	其他费用	项目建设技术服务费

1.2.3.3 计算规定

业务运营工作主要以需求调研、分析诊断、方案制订、方案实施和测试为主，项目费用按所需投入工作量（人·天）和相应的人天费率进行费用计取。

计算公式如下：

业务运营费=业务运营工作量（人·天）×人天费率

1. 业务运营工作量

将业务运营工作任务分解为若干个相对独立的任务，根据每个任务所需人员数量和天数计算单个任务的工作量。各个任务的工作量累加起来得出该项目实施所需要的总工作量。

2. 人天费率

（1）业务运营人天费率按1500元/(人·天）计列。

（2）其他费用计算见本书1.2.7节。

1.2.4 数据工程类项目

1.2.4.1 项目定义

数据工程类项目是指为聚焦大数据前沿技术和应用，对数据资源整合处理，实现数据价值的相关工作，主要包括数据接入、数据标准化、数据上传、数据盘点、数据资源目录构建、数据质量治理、数据产品（应用）研发及实施等工作。

其中数据产品（应用）研发及实施工作包含数据应用和数据展示两部分内容，该部分的工作所涉及的费用，采用系统开发实施类项目费用评估方法。

1.2.4.2 费用构成

数据工程类项目费用由数据工程费和其他费用等构成，见表1－5。

表1－5　数据工程类项目费用构成表

序号	费用分类	费用构成
一	数据工程费	数据工程费
二	其他费用	项目建设技术服务费

1.2.4.3 计算规定

数据工程服务主要以相应专业技术人员投入为主，项目费用按所需投入工作量和相应的人工费率进行费用计取。

计算公式如下：

数据工程费＝数据工程服务工作量（人·天）×人天费率

1. 数据工程服务工作量

将数据工程服务分解为若干个相对独立的任务，根据每个任务所需人员数量和天数计算单个任务的工作量。各个任务的工作量累加起来得出该项目实施所需要的总工作量。数据工程类项目任务可按照工作内容分为数据接入、数据标准化、数据上传、数据盘点、数据资源目录构建、数据质量治理、数据产品（应用）研发及实施工作。

2. 人天费率

数据工程类项目中数据产品（应用）研发工作的人天费率按2100元/(人·天）计列；数据标准化、盘点、数据资源目录构建、质量治理工作的人天费率按1800元/(人·天）计列；数据接入、上传工作的人天费率按1500元/(人·天）计列。

其他费用计算见本书1.2.7节。

1.2.5　软硬件设备购置类项目

1.2.5.1　项目定义

软硬件设备购置类项目是指根据产品选型采购相应的软硬件产品，并对其（包括软件、硬件、信息、数据和技术）进行安装部署等工作，包括软硬件购置项目、网络设备购置项目、安全产品购置项目和运维产品购置项目。

1.2.5.2　费用构成

软硬件设备购置类项目费用由软件购置费和硬件购置费等构成，包括软硬件购置费、网络设备购置费、安全产品购置费、运维产品购置费，见表1-6。

表1-6　软硬件设备购置类项目费用构成表

费用分类	费用构成
软硬件设备购置费	软件购置费
	硬件购置费

1.2.5.3　计算规定

1. 软件购置费

软件购置费根据市场询价及历史成交价计算。应遵循以下原则：

（1）应充分参考近一年国招和省招软件产品历史成交价，并记录相关信息。

（2）应留存市场询价记录的过程文件（如询价邮件、询价函、供应商报价单等）。

（3）申报价格原则上应选取以上价格的平均数，凡申报价格高于历史成交价的，应在价格依据中详细说明。

2. 硬件购置费

硬件购置费包括设备购置费和材料费。

计算公式如下：

硬件购置费＝设备购置费＋材料费

设备购置费根据市场询价及历史成交价计算。应遵循以下原则：

（1）应充分参考近一年国招和省招硬件设备历史成交价，并记录相关信息。

（2）应留存市场询价记录的过程文件（如询价邮件、询价函、供应商报价单等）。

（3）申报价格原则上应选取以上价格的平均数，凡申报价格高于历史成交价的，应在价格依据中详细说明。

材料费计算公式如下：

材料费＝材料消耗量×材料预算单价

材料预算单价应按照施工现场物料仓库的出库价格、项目管理单位集中存储仓库的出库价格或各地区材料价格信息取定。

当材料预算单价取定为项目管理单位集中存储仓库的出库价格或各地区材料价格信息时，均应按照实际运输距离计算配送费用。

1.2.6 建设类项目

1.2.6.1 项目定义

建设类项目是指机房环境建设或试验环境建设相关的设计、建筑、电气、安装、网络等基础设施的新建、扩建和改造项目。

1.2.6.2 费用构成

建设类项目费用由机房环境建设建安工程费或试验环境建设建安工程费和其他费用等构成，见表1－7。

1.2.6.3 计算规定

建设建安工程费包括机房环境建设或试验环境建设所需的装修装饰建筑工程费、设备购置费以及设备的安装工程费。

表 1-7　　建设类项目费用构成表

序号	费用分类	费用构成
一	建设工程费	建设建安工程费
二	其他费用	项目建设管理费
		项目建设技术服务费
		按需计列的其他费用

计算公式如下：

建设建安工程费＝建筑工程费＋设备购置费＋安装费

建设建安工程费的费用因具体工程建设内容而定。机房或试验环境的建筑工程费用参照电力行业技术改造工程概算定额体系执行；设备购置费用根据方案选型选择相应档次的产品和价格，根据设计图纸计算所需设备和材料的数量；安装费用参照电力行业技术改造工程概算定额体系执行。定额不足部分执行地方定额。

其他费用计算见本书 1.2.7 节。

1.2.7　其他费用

其他费用（除建设类项目外）包括项目建设管理费、项目建设技术服务费、数据治理费和第三方测试费。

建设类项目的其他费用参照电力行业技术改造工程概算定额体系执行，按需计列。

1.2.7.1　项目建设管理费

项目建设管理费包括招标费和项目监理费。应按规定标准据实列支。

1. 招标费

计算依据为《招标代理服务收费管理暂行办法》的通知（计价格〔2002〕1980 号）。按照中标价格分档定额计费方法收费，见表 1-8。

表 1-8　　招标费收费标准　　单位：万元

序号	中标金额	服务费率		
		货物招标/%	服务招标/%	工程招标/%
1	100 以下	1.5	1.5	1.0
2	100～500（不含）	1.1	0.8	0.7
3	500～1000（不含）	0.8	0.45	0.55
4	1000～5000（不含）	0.5	0.25	0.35
5	5000～10000	0.25	0.1	0.2

2. 项目监理费

计算规定为：《建设工程监理与相关服务收费管理规定》的通知（发改价格〔2007〕670 号）。按照建设项目工程概算投资额分档定额计费方法收费，见表 1-9。

表 1-9　　监理服务收费基价表　　单位：万元

序号	工程建设费用计费额	收费基价	收费基价占计费额百分比/%
1	100	4.3	4.30
2	300	11.4	3.80
3	500	16.5	3.30
4	1000	30.1	3.01
5	3000	78.1	2.60
6	5000	120.8	2.42
7	8000	181.0	2.26

注：1. 计费额小于 100 万元的，以计费额乘以 4.30%的收费率计算收费基价。工程建设费用计费额在相对应的区间内用插入法计算。

2. 项目监理费仅适用于新机房建设类项目，以及试验环境建设类项目。

1.2.7.2　项目建设技术服务费

计算规定为：《建设项目前期工作咨询收费暂行规定》（计价格〔1999〕1283 号）。按照建设项目工程概算投资额分档定额计费方法收费，见表 1-10。

表1－10　技术服务收费标准　单位：万元

咨询评估项目估算投资额	3000万元以下	3000万元～1亿元	1亿元以上
编制可行性研究报告	3～12	12～28	28～75

1.2.7.3　第三方测试费

参照行业市场收费状况，按照建设项目工程概算投资额分档定额计费方法收费，见表1－11。

表1－11　第三方测试服务收费标准　单位：万元

序号	工程建设费用计费额	收费费率/%
1	⩽500	2.20
2	1000	1.90
3	3000	1.60
4	5000	1.30
5	⩾10000	1.00

1.3　需求编写指南

预算编制必须依据信息化项目需求等相关文档，规范性的需求文档有利于成本评估人员完整地对项目进行评估。本节论述了需求文档中的各个要素，并结合某项目给出需求编写实例。

1.3.1　需求要素

为使软件造价评估结果更为准确，软件业务需求定义必须满足一定的程式和要素要求，因为只有这样，才能使造价评估人员完整识别数据功能和事务功能。

数据功能是指软件系统涉及的业务数据或业务规则，也就是逻辑文件，如员工信息、组织结构信息、登录信息、设备信息、会议室预定信息等，这些信息都是在软件运行过程中必须具有的数据文件，其目的是完成数据功能的存储、检索和引用，并且至少有一个物理数据库表与其对应。在识别数据功能时，每个逻辑文件可算作一个数据功能。在规模度量上，采用预估功能点法时每识别 1 个 ILF 计 35 个功能点，每识别 1 个 ELF 计 15 个功能点；采用估算功能点法时每识别 1 个 ILF 计 10 个功能点，每识别 1 个 ELF 计 7 个功能点。ILF 文件是最小的数据功能单元及对数据功能的基本操作的集合；ELF 是对最小数据功能单元调用的基本操作的集合。

事务功能（EI/EO/EQ）是指对数据功能的基本操作过程，是对数据功能的最小操作单元，包括“增”“删”“改”“查”“导入”“导出”等过程。其中“增”“删”“改”“导入”属于 EI，“查”属于 EO（含计算或衍生数据）或 EQ，“导出”属于 EQ。在规模度量上，每个 EI 或 EQ 计 4 个功能点，每个 EO 计 5 个功能点。例如，“增加员工信息”“修改设备信息”“用户登录”等，这些过程都属于对数据功能的操作过程。

可见，软件功能需求定义人员必须清楚描述出软件所具有的数据功能（即对哪些数据功能进行操作），并在尽可能的情况下，列出对这些数据功能的基本操作（即对数据功能进行哪些操作）。

1.3.2 需求案例

本部分所展示的需求案例，是从便于软件评估的角度进行展开，包含了软件需求内容的关键要素和评估识别项。在完整的业务需求说明书中，为使表述内容更为清晰全面，我们建议增加业务流程图及其描述。

以下将通过一个相对完整的需求描述案例和一个需求描述不清的反例进行点评，使需求人员更清楚地了解业务需求的编写方法。采用此方法，可最大限度地减小由于对软件功能项的识别不准确而带来的评估偏差。

文中划双横线的部分是识别出的数据功能（即需要操作的数据），划波浪线的部分是识别出的事务功能（即基本的操作过程）。

1.3.2.1　需求描述案例

某甲方需要一套人力资源管理系统，业务部门人员列出了比较原始的业务需求，具体需求描述如下。

1. 组织结构管理

对公司的组织结构进行管理，包括部门、岗位等信息，其中岗位信息不随部门信息的删除而删除，不同的部门可具有相同的岗位，二者无依赖关系。人力资源部门经理对部门进行新建、修改、删除、合并、改变归属关系、设定岗位人数并根据已录入的档案信息自动显示实际岗位人数。支持部门、岗位信息的EXCEL 模板导入功能。

人力资源部门主管可以对岗位进行新建、修改、查询、删除等，岗位信息包括岗位说明相关联工资级别等。

2. 招聘管理

对于空缺岗位生成招聘申请，人力资源主管和部门主管审批后自动发布到外部招聘渠道。可以查询招聘信息或删除已过期的招聘信息。

对应聘人员信息进行管理，将得到的简历、面试情况录入到系统并进行统计分析和查询。

3. 档案管理

对员工信息进行管理，包括员工基本信息（如姓名、年龄、性别、岗位、电话、邮件地址等）、家庭档案信息、培训记录、个人简历。

授权用户可以对员工档案进行查询或进行修改（如调动、离职、绩效考核信息填写等）。权限信息来自于 OA 系统中的用户角色和权限配置文件（EIF）。

员工离职后，需要对员工信息进行删除，但是不能删除员工培训记录，因为 HR 部门需要对培训情况进行年度、季度培训数据的统计和导出。(虽然培训记录是属于员工信息的重要内容，但是由于用户对此有特别的要求，即当员工信息删除时，不能删除员工培训记录，这 2 个实体无依赖关系。因此，应将员工培训

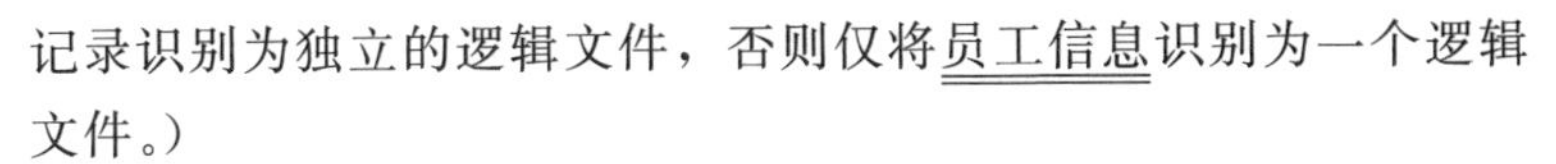

记录识别为独立的逻辑文件，否则仅将员工信息识别为一个逻辑文件。）

4. 人力地图

将公司的全部或某部门组织结构图显示出来，并可查看员工的基本信息。本人可以维护（增加、修改、删除）部分个人信息，如手机号码、家庭档案、员工照片等。

5. 培训管理

制订公司年度培训计划并进行管理，针对每次公司级培训建立培训记录并对培训效果进行分析。提供年度培训计划的建立、修改、审核、审批等功能。

对每次培训进行管理，可自动发送培训通知，接受培训的员工培训后完善培训记录的内容，填写培训满意度、培训总结。可以对某时间段内的培训或选定培训进行培训效果的比较和分析。

6. 人力资源分析

包括基于人数的分析和基于部门的分析。基于人数的分析包括统计各岗位、各部门、各学历、各年龄段的人数、各岗位/部门实际人数和空缺人数等。基于部门的分析包括分析个部门到岗率、人/离职情况、岗位构成、学历构成、年龄构成等。基于人数的分析和基于部门的分析各生成一张报表。

7. 报表中心

授权用户可查看或打印员工基本信息、培训信息、工作情况、考核情况，并提供人力资源常用模板（如离职申请、培训申请等）的下载打印。

1.3.2.2 描述不清案例

（1）通过授权用户的操作，完成对公司相关信息的维护和管理，同时对部门人数和员工培训情况进行统计和分析。

点评：以上需求的描述比较模糊，基本上无法识别软件功能中的数据功能和事务功能。例如，“对公司相关信息的维护和管理”，未明确对公司哪些信息进行哪些操作。另外，对部门人数和员工培训情况进行统计和分析，前面缺少对部门和培训信息的铺垫，无法识别部门信息和培训信息是否独立的逻辑文件。

（2）对应聘人员信息进行管理，必要时进行审核和审批，完成招聘计划，并对招聘情况进行总结。

点评：以上对招聘管理的需求描述不够清晰，虽然可以识别出“招聘人员信息”数据文件，但是对其进行审核和审批过程，没有明确必须进行审核和审批，或在什么情况下进行审核和审批。“完成招聘计划”的描述比较突兀，前面缺少铺垫，如果有相应的铺垫，则招聘计划可作为一个逻辑文件。“对招聘情况进行总结”的描述，一般情况下可识别为一个逻辑文件，但是如果其是包括在“招聘计划”中的一项内容，就不能识别为独立的逻辑文件，造成这种情况的主要原因，还是对需求的描述逻辑上不够严谨。

完整的描述如下：

1）公司人力资源部门应对应聘人员信息进行管理，包括应聘人员的姓名、性别、民族、学历、驾驶证信息、工作简历、培训经历、入职时间、分配部门、联系方式等，并可进行应聘人员的增加、修改、删除、导出、查询和统计等操作。

2）应保存应聘人员的录用审批信息。在确定录用应聘人员之前，按公司规定需对应聘人员进行录用审批，由HR招聘经理通过HR系统，发起面试流程，HR负责应聘人员的初试，在初试合格后填写初试意见，由用人部门主管进行复试，填写复试审核意见，最后由总经理进行审批，审批通过后，可安排后续的入职手续。

3）人力资源部招聘经理根据与各部门的沟通确认结果，编制年度招聘计划，包括招聘岗位、用人部门、招聘人数、用人时间、招聘情况总结等，其中招聘总结由HR招聘经理按季度填报，包括计划招聘情况、实际招聘情况、人员符合度情况，以及招聘过程中出现的问题及解决建议等。公司总经理审批招聘计划，审批通过后执行。HR经理可根据实际招聘进展，对招聘计划进行修改，并将修改后的计划提交总经理审批后执行，系统要保留招聘计划历史信息，供相关人员查询招聘计划。

注：在软件可行性研究和初设阶段，并不要求将数据文件和对这些文件的操作描述的非常详尽，但是如果要确保相关人员能够识别逻辑数据及基本过程，必要的需求要素不能缺少。

（3）会议室作为公共资源，为避免资源的冲突，必须实行预定制度。

点评：虽然从以上的描述中，可以勉强识别出一个数据功能，即“会议室预定信息”，但是如何进行预定，是否需要审核，以及对会议室预定情况进行增删改或统计等内容并没有涉及，描述不够完整。

第2章 可研及预算编制方法

本章包含术语和定义、项目类型、项目命名规则和可研及预算编制指南。

2.1 术语和定义

2.1.1 项目预算

本书中所涉及的项目预算是指在项目前期可行性研究阶段，依据可行性研究方案的内容，根据本书方法对信息化项目各项费用的测算。

2.1.2 功能点方法

功能点方法是一种成果度量方法。功能点是软件规模的度量单位，功能点方法是度量软件规模的标准方法，本书中采用NESMA功能点方法估算软件规模，该方法已纳入国际标准。根据规模估算阶段的不同，分为预估功能点法和估算功能点法。规模估算时选择估算方法的原则，请参见本书2.4.2.2节。

功能项是指以软件为主的系统功能，它是软件功能的粒度细分，包含数据功能（业务数据、业务规则、数据模型等）和事务功能（如增、删、改、查等对数据功能的操作）。

2.1.3 WBS方法

WBS方法是一种工作过程度量方法。工作分解结构（WBS）方法是依据项目工作范围，将项目任务分解为较小的、易于管理的工作单元，形成结构化的项目单元组合。

WBS方法估算是专家评估法的一种方式，是一种定性的评估方法，其依托专家的知识和经验，对项目的工作量和成本进行分析和预测。

2.1.4 方程法

本书中所涉及的方程法是估算软件工作量、工期、费用的一

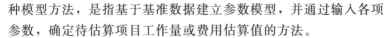

种模型方法，是指基于基准数据建立参数模型，并通过输入各项参数，确定待估算项目工作量或费用估算值的方法。

2.1.5　类推法

类推法是一种经验方法。类推法是指将待估算项目的部分属性与高度类似的一个或几个已完成项目的数据进行比对，适当调整后获得待估算项目工作量、工期或成本估算值的方法。

2.1.6　类比法

类比法是一种经验方法。类比法是指将本项目的部分属性与类似的一组基准数据进行比对，进而获得待估算项目工作量、工期或成本估算值的方法。

2.1.7　微服务

微服务是指以服务方式实现的不带界面的软件包，具有部署独立、通信轻量的特点，支撑单一业务逻辑的功能实现，通常用于跨专业的数据交互或并发量大的业务逻辑功能实现。

2.1.8　微应用

微应用是指通过调用一个或者多个微服务，实现一组同类型的或紧密耦合的单一业务目标或业务场景的功能逻辑组合软件包，提供带界面的软件客户端，可通过 PC、移动设备、大屏等各类终端设备实现人机交互。

2.1.9　功能逻辑树

功能逻辑树是基于功能点法的功能结构分解方法，是指将应用系统的功能按子系统、模块、子模块的形式进行逻辑结构分解，拆分为层次清晰、结构完整、功能齐全的功能单元。最底层模块分支（功能单元）要清楚描述需要实现的功能，包括涉及的业务数据及对数据的操作。

2.2　项目类型

2.2.1　咨询设计类项目

咨询设计类项目是指针对生产、经营、管理和企业决策实践提出的咨询设计类任务，主要包括业务诊断咨询、企业信息化战略规划方案咨询、企业信息化架构设计、系统技术方案设计与论证等任务。

2.2.2　系统开发实施类项目

系统开发实施类项目是指以应用软件开发为主的项目类型，侧重应用类软件开发和实施，主要是面向用户的业务应用，可包括 PC 应用开发、移动应用开发、微服务、微应用和大屏展示等场景。

系统开发实施类项目主要包括系统开发、系统集成开发和系统实施（含系统集成实施）任务，系统开发实施类项目工作内容包括需求分析、系统设计、系统开发、内部测试，以及系统实施方案编制、软硬件环境准备、信息系统部署和调试、数据收集和初始化、操作人员培训、用户测试、上线测试和上线支持等工作内容。

2.2.3　业务运营类项目

根据目前的业务情况，业务运营类项目是指为满足系统正常运行而进行的系统迁移入池、系统性能优化等工作。

2.2.4　数据工程类项目

数据工程类项目是指为聚焦大数据前沿技术和应用，对数据资源整合处理，实现数据价值的相关工作。主要内容包括数据接入、数据标准化、数据上传、数据盘点、数据资源目录构建、数据质量治理、数据产品（应用）研发及实施等工作。

2.2.5　软硬件设备购置类项目

软硬件设备购置类项目包括软硬件购置项目、网络设备购置项目、安全产品购置项目、运维产品购置项目，采购中可包含相关的材料购置。

2.2.6　建设类项目

建设类项目是指机房环境建设或试验环境建设相关的设计、建筑、电气、安装、网络等基础设施的新建、扩建和改造项目。

2.3　项目命名规则

为规范信息化项目填报流程，依据项目类别特制定了项目命名规则。信息化项目主要按照“所属单位＋内容名称＋项目性质＋项目类别”进行命名，主要含义见表2-1。

表2-1　　项目命名规则

<table>
<tr><th>所属单位</th><th>内容名称</th><th>项目性质</th><th>项目类别</th></tr>
<tr><td>××电力</td><td rowspan="4">××××</td><td rowspan="4">一期、二期、三期等</td><td rowspan="4">1. 开发实施项目。
2. 软硬件购置项目。
3. 网络设备购置项目。
4. 安全产品购置项目。
5. 运维产品购置项目。
6. 机房环境建设项目。
7. 试验环境建设项目。
8. 实施项目。
9. 设计开发项目</td></tr>
<tr><td>××电力××地市</td></tr>
<tr><td>××电力××地市××县公司</td></tr>
<tr><td>直属单位</td></tr>
</table>

注： 1. 本书中的咨询设计类、业务运营类、数据工程类项目，命名时项目类别填写“实施项目”；本书中的建设类项目，命名时根据项目内容填写“机房环境建设项目”或“试验环境建设项目”；本书中的软硬件设备购置类项目，命名时项目类别根据项目内容填写“软硬件购置项目”“网络设备购置项目”“安全产品购置项目”或“运维产品购置项目”。本书中的系统开发实施类项目，命名时根据项目实际情况填写“开发实施项目”或“设计开发项目”。

2. 命名示例如下：

(1) ××电力-数据中心资源池建设-一期-软硬件购置项目。

(2) ××电力-基建全过程预警管控应用-一期-开发实施项目。

(3) ××电力-数据中心资源池建设-一期-网络设备购置项目。

2.4 可研及预算编制

2.4.1 咨询设计类项目

2.4.1.1 可研编制要求

咨询设计类项目的工作内容主要包括业务诊断咨询、需求分析咨询、可研方案咨询、企业信息化架构设计、系统技术方案设计与论证等任务。

可研报告编制人员要在可研报告中明确咨询设计工作的各项

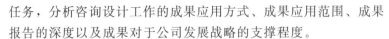

任务，分析咨询设计工作的成果应用方式、成果应用范围、成果报告的深度以及成果对于公司发展战略的支撑程度。

在可研报告中对项目工作任务进行拆分时，可研编制人员要参照 WBS 方法分解规则，按功能逻辑树的形式进行拆分，并对拆分后的项目任务分别进行描述。

描述人员投入情况时，主要从项目角色、数量及技能素质要求等方面充分考虑咨询设计工作完成所需要的人力资源需求。

2.4.1.2　预算编制要求

一、预算填报步骤

咨询设计类项目预算填报步骤如下：

（1）在“项目名称-投资预算及审核表”中的咨询设计费用页面填报。首先，应将实施任务进行 WBS 分解，根据分解后的任务分别估算工作量；其次填写咨询设计人员的人天费率。

（2）在“项目名称-投资预算及审核表”中的咨询设计费用页面对应的表格中，自动计算出咨询设计费用。

二、预算编制要求

项目预算编制人员在编制项目预算时，要在“项目名称-投资预算及审核表”的咨询设计费用页面根据可研报告内容的工作分解结构，将咨询设计任务分解为若干个相对独立的任务（不超过三级）。

三、费用计算方法

根据每个任务所需人员数量和天数计算单个任务的工作量，各个任务的工作量累加起来得出该咨询服务的总工作量，结合人天费率数据计算出项目预算。

咨询设计费用＝咨询设计工作量（人·天）×咨询设计人天费率，咨询设计人员人天费率参照电力行业相关规定执行，人天费率为 2500 元/(人·天)。

四、预算编制示例

咨询设计项目预算编制示意图如图 2-1 所示。

序号	一级任务名称	二级任务名称	三级任务名称	工作说明	工作量/（人·天）	单价/[万元/（人·天）]	小计/万元
1	项目范围调研			调研项目的实施范围以及与内外部系统的接口			
2		调研项目范围			5	0.25	1.25
3		调研系统运行要求			3	0.25	0.75
4		调研系统内外部接口			2.5	0.25	0.63
5		调研与现有系统的关系			3	0.25	0.75
6	熟悉国家行业相关标准			确保设计方案符合国家、行业和主管部门的要求			0.00
7		熟悉国家相关标准要求			2	0.25	0.50
8		熟悉行业相关标准要求			3	0.25	0.75
9	调研确认客户需求			调研客户功能需求并确认			0.00
10		调研应用系统功能需求			5	0.25	1.25
11		编写需求方案并确认			9	0.25	2.25
12	调研确认网络和云计算环境			调研系统运行的网络和云计算环境			0.00
13		调研系统云计算要求			2	0.25	0.50
14		调研系统网络和安全要求			2	0.25	0.50
15	编写初步初设方案	编写初步设计方案		结合客户需求以及运行环境编写初设方案	9	0.25	2.25
16	编写初设方案概算	编写初步设计方案概算		结合初设方案编写概算并评审	5	0.25	1.25
17							
合计					50.5	0.25	12.63

图 2-1 咨询设计项目预算编制示意图

2.4.2　系统开发实施类项目

2.4.2.1　可研编制要求

对于系统开发实施类项目，在编制项目可行性研究报告时，要根据《信息化项目可行性研究报告》模板中规定的内容填写。在编写建设内容章节时，软件功能需求要按照 WBS 方法将系统功能按照子系统、模块、子模块的方式进行逻辑结构分解，可采用分级列标题的形式进行分解，在结构分解的最底层要描述所涉及的业务数据及对数据的操作，这样不但结构清晰，而且对可研和预算评审都有帮助，系统功能逻辑树示意图如图 2－2 所示。

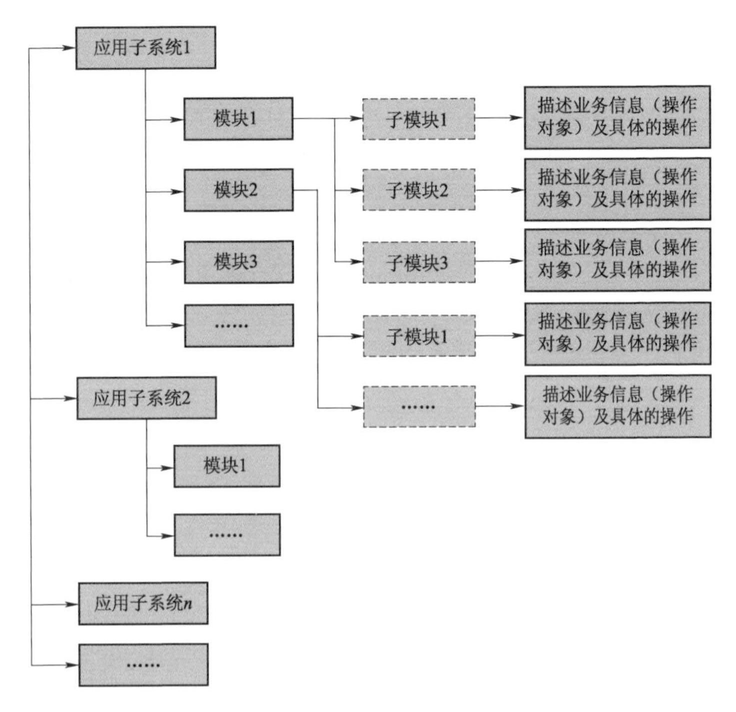

图 2－2　系统功能逻辑树示意图

（1）新开发项目指申报单位根据业务实际需要，提出的全新的应用系统开发项目。功能需求编写人员要在最底一级子模块中，描述清楚需要对哪些业务数据（包括内部数据和外部数据）

或业务规则进行操作，不要求到全部的字段级别，但要让读者识别清楚系统所涉及的业务数据或业务规则，以及最可能会对这些业务数据或业务规则进行哪些操作，如对业务数据或业务规则的新增、修改、删除、查询、报表统计等。如果涉及较为复杂的业务处理，也可通过结合业务处理流程图加以描述。

描述样例1：对变压器设备登记信息进行管理，设备管理人员可新增、修改、删除设备信息，并根据需要对设备的入库情况进行报表统计等。

描述样例2：系统需要对所有人员的操作日志信息进行管理，系统管理员可查询用户的登录和操作情况信息，并可以导出日志信息等。

（2）增强开发项目指申报单位或其他单位已经开发过该项目并已经投入使用，但已实现的应用不能完全满足现有业务的需要，需要对现有的功能进行增强开发或修改，或者针对现有的数据，增加展示输出等功能。业务用户应该比较清楚需要完成哪些具体的功能，因此，对于增强开发项目，对功能需求的描述不但要描述清楚对哪些业务数据（包括内部数据和外部数据）或业务规则进行操作，还要描述对这些业务数据或业务规则进行了哪些操作，如对数据的增、删、改、查、导入、导出、报表输出等功能，并逐项对基本过程的业务处理逻辑进行描述。对系统功能的基本处理过程描述的越详细，估算功能规模、工作量和费用时就越准确。

注意：如果功能需求比较简单，功能结构无法拆分到子模块一级，则可以只拆分到模块，然后对模块功能进行详细描述。

2.4.2.2　预算编制要求

一、预算填报步骤

软件开发类项目预算填报步骤如下：

（1）在“项目名称-投资预算及审核表”中的软件规模估算页面选择估算方法和功能点计数项，并识别功能点计数类别，根据情况选择计数类别的复用程度和修改类型，获得该功能项的功能点数。

（2）在“项目名称-投资预算及审核表”中的开发实施类费

用页面选择相应的调整因子。

(3) 在“项目名称-投资预算及审核表”中的开发实施类费用页面对应表格中，自动计算出系统开发、系统实施的工作量和费用。

(4) 对于系统集成开发工作量和费用，需要根据实际情况确定本端系统数量和对端系统数量，并在开发实施类费用页面加以说明，如果本系统不是首次与对端系统集成，则本项内容不需填写和计算。

(5) 系统实施费用（附加）部分用于填写基本的系统实施费用不能完全涵盖的部分，如多个站点的安装调试、大量基础数据处理等。

(6) 如果该项目除开发实施类费用外，还包括项目建设管理费（招标费、监理费）和第三方测试费等，则在“项目名称-投资预算及审核表”中的其他费用页面直接填报基准金额和费率，得到相关费用数据。

(7)“项目名称-投资预算及审核表”中的项目预算和审核汇总表页面会自动提取系统开发实施类项目费用。

二、预算编制要求

在编制预算时，需要在“项目名称-投资预算及审核表”中的软件规模估算和开发实施类费用页面填写相关内容。在软件规模估算页面中，填写子系统、模块或子模块名称时，要严格按照可研报告中系统功能逻辑树的结构顺序填写，功能点计数项名称和所属的计数类型，按实际情况填写。

在填写“项目名称-投资预算和审核表”中的软件规模估算页面表时，在功能点计数项名称列，如果是填写逻辑文件名称，填写格式建议为××××信息，如变压器设备信息、组织结构信息等；如果是基本过程名称，填写格式建议为新增/修改/删除/统计××××，如新增变压器设备信息、修改组织结构信息、统计业务人员年度销售业绩等。

编制项目预算时，首先要估算软件规模，根据不同的场景，选择规模估算方法的原则见表2-2。

表 2-2 估算方法原则

规模估算方法	应用场景	规模调整因子	团队背景调整因子
预估功能点	新开发（数据功能和事务功能全部为新建）	1.39	1.0
估算功能点	在已有应用系统基础上做功能升级或修改	1.21	0.8
	采用已有的数据功能完成新应用的开发	1.21	1.0
	新开发（数据功能和事务功能描述非常详细）	1.21	1.0

估算软件规模时，采用 NESMA 功能点方法。有关功能点方法详细的计数规则，可参考本书软件费用估算过程部分。

(1) 对于新开发项目，一般是指新建数据功能和事务功能，在软件规模估算页面中，选择预估功能点方法，并将拆分后的系统功能，按最底级的模块功能描述，识别出功能点计数项，并确定计数类别，仅需识别 ILF（内部逻辑文件）和 ELF（外部逻辑文件）。

采用预估功能点方法时，功能规模计数示意图（预估功能点法）如图 2-3 所示。

(2) 对于增强开发项目，一般是指在已有应用系统上做功能升级或修改，或者采用已有的数据功能完成新应用的开发。在软件规模估算页面中，选择估算功能点方法，并将拆分后的系统功能，按最底级的模块功能描述，识别出功能点计数项，并确定计数类别。升级开发任务，需要同时识别数据功能（内部逻辑文件 ILF/外部逻辑文件 ELF）和事务功能（外部输入 EI/外部输出 EO/外部查询 EQ），并根据实际情况选择复用度和修改类型，识别规则参见本书计算未调整规模相关内容。

采用估算功能点方法时，功能规模计数示意图（估算功能点法）如图 2-4 所示，图中 UFP 表示单位功能点，US 表示单位规模。

编号	子系统	一级模块	二级模块	三级模块	功能点计数项名称	类别	UFP	重用程度	修改类型	US
1	子系统 1	模块 1	二级子模块 11	三级子模块 11-1	组织机构信息	ILF	35			35.00
2					用户注册信息	ILF	35			35.00
3				三级子模块 11-2	员工基本信息	EIF	15			15.00
4					角色和权限信息	ILF	35			35.00
5			二级子模块 12	三级子模块 12-1	设备台账信息	ILF	35			35.00
6					设备运行状态信息	ILF	35			35.00
7				三级子模块 12-2	行业资产标签信息	ILF	35			35.00
8			……							
9		模块 2	二级子模块 21		维修检修记录信息	ILF	35			35.00
10					备件库存信息	ILF	35			35.00
11					定检排程信息	ILF	35			35.00
12			二级子模块 22		设备预警规则信息	ILF	35			35.00
13		模块 3	模块 3		行业各级文件信息	ILF	35			35.00
14					专业咨询信息	ILF	35			35.00
15		……			行业管理通知信息	ILF	35			35.00
16	子系统 2	模块 1	二级子模块 11		用户心得分享信息	ILF	35			35.00
17			……		用户分享积分信息	ILF	35			35.00
18		……								

图 2-3　功能规模计数示意图（预估功能点法）

编号	子系统	一级模块	二级模块	三级模块	功能点计数项名称	类别	UFP	重用程度	修改类型	US
1	子系统 1	模块 1	二级子模块 11	三级子模块 11－1	部门信息	ILF	10			10.00
2					新建部门信息	EI	4			4.00
3				三级子模块 11－2	修改部门信息	EI	4			4.00
4					删除部门信息	EI	4			4.00
5			二级子模块 12	三级子模块 12－1	岗位信息	ILF	10			10.00
6					改变归属关系	EI	4			4.00
7					设定岗位人数	EI	4			4.00
8				三级子模块 12－2	……					
9		模块 2	二级子模块 21	二级子模块 21	员工信息	ILF	10			10.00
10					新增员工信息	EI	4			4.00
11					修改员工信息	EI	4			4.00
12					删除员工信息	EI	4			4.00
13					导出员工信息	EQ	4			4.00
14					统计部门员工报表	EO	5			5.00
15			二级子模块 22	二级子模块 22	薪资信息	ILF	10			10.00
16					修改薪资信息	EI	4			4.00
17					薪资发放	EI	4			4.00
18			……		统计薪资信息	EO	5			5.00
19		模块 3	模块 3		查询薪资信息	EQ	4			4.00

图 2－4　功能规模计数示意图（估算功能点法）

注意：规模估算表中默认分为三级模块，填写时将模块名称替换为实际的功能模块名称，功能层级结构要与可研文档中的功能逻辑结构相对应。有关调整因子的取值，可根据实际情况在系统开发实施类费用页面进行选择。

预算表会根据识别的功能点数，以及选择的调整因子，自动计算软件开发和实施工作量及相应的费用。系统开发实施项目预算示意图如图 2－5 所示。

软件造价预算与审定结果		预算结果	审定结果	备　注
规模估算结果/功能点		91.00	91.00	功能点数
规模变更调整因子取值		1.39	1.39	根据项目阶段或项目属性取值
调整后规模/功能点		126.49	126.49	
基准生产率/[(人·时)/功能点]		6.76	6.76	能源行业生产率中位数
未调整工作量/(人·天)		106.88	106.88	
调整因子	与中台数据的关系	1.00	1.00	前端应用与中台数据的逻辑关系
	应用类型	1.00	1.00	根据应用系统实际类型取值
	质量特性	1.00	1.00	无特别限定
	开发语言	1.00	1.00	无特别限定
	开发团队背景	1.00	1.00	无特别限定
调整后工作量/(人·天)		106.88	106.88	
软件开发工作量占比		67.37%	67.37%	依据 2019 年行业基准数据
软件实施工作量占比		32.63%	32.63%	依据 2019 年行业基准数据
软件开发工作量/(人·天)		72.01	72.01	
软件实施工作量/(人·天)		34.88	34.88	
软件开发人天费率		2100.00	2100.00	元/(人·天)
软件实施人天费率		1500.00	1500.00	元/(人·天)
软件开发费用/万元		15.12	15.12	
软件实施费用/万元		5.23	5.23	
软件项目整体费用/万元		20.35	20.35	

图 2－5　系统开发实施项目预算示意图

三、费用计算方法

系统开发费是软件开发类项目中完成项目需求分析、系统设计、软件编码、单元测试阶段的任务所需的费用。

系统实施费是指软件开发类项目中完成项目集成测试、系统测试、系统安装部署、用户培训、系统试运行、系统切换、用户验收测试等阶段工作所需的费用。

采用功能点方法估算出软件规模，采用方程法估算出软件整体工作量后，根据《中国软件行业基准数据》，拆分出软件开发和实施所占工作量，再乘以软件开发和实施人天费率，就计算出了软件开发的总体费用。

（1）系统开发费计算公式如下：

$$\text{系统开发费}=\begin{matrix}\text{系统总体}\\\text{工作量}\end{matrix}\times\begin{matrix}\text{系统开发}\\\text{工作量占比}\end{matrix}\times\begin{matrix}\text{系统开发}\\\text{人天费率}\end{matrix}$$

$$\text{系统总体工作量}=\left(\begin{matrix}\text{调整后}\\\text{规模}\end{matrix}\times\begin{matrix}\text{基准}\\\text{生产率}\end{matrix}\right)\Big/8\times\begin{matrix}\text{工作量}\\\text{调整因子}\end{matrix}$$

（2）系统实施费（含系统集成实施费）计算公式如下：

$$\text{系统实施费}=\begin{matrix}\text{系统总体}\\\text{工作量}\end{matrix}\times\begin{matrix}\text{系统实施}\\\text{工作量占比}\end{matrix}\times\begin{matrix}\text{系统实施}\\\text{人天费率}\end{matrix}$$

$$\text{软件总体工作量}=\left(\begin{matrix}\text{调整后}\\\text{规模}\end{matrix}\times\begin{matrix}\text{基准}\\\text{生产率}\end{matrix}\right)\Big/8\times\begin{matrix}\text{工作量}\\\text{调整因子}\end{matrix}$$

（3）调整后规模是指根据预估功能点方法或估算功能点方法估算出的规模，乘以对应的规模调整因子。软件规模的单位为功能点数。

软件费用估算过程和参数取值规则，请参见本书软件费用估算过程相关内容。

四、预算编制示例

【需求描述1】 合同管理系统中，系统管理模块中要提供用户注册功能，只有通过注册的用户，才能对合同管理系统的相关模块进行操作。必须是本企业的员工，才可以注册和申请成为合同管理系统用户。在进行用户注册时，系统会通过调用外部人力资源管理系统中的企业员工信息进行查询和确认。

合同管理系统为新开发项目，则在规模估算表中，选择预估功能点方法。以上需求描述中，涉及两个系统，一个是合同管理系统，一个是人力资源管理系统。由于是对合同管理系统进行计数，合同管理系统中要维护的用户信息，应识别为内部逻辑文件（ILF），从人力资源管理系统中调用的企业员工信息要识别为外部逻辑文件（ELF）。

规模计数结果示意图如图 2－6 所示

<table>
<tr><td colspan="2">规模估算方法</td><td>预估功能点</td><td colspan="5">新开发软件项目一般选择预估功能点，如果对各种操作描述的非常清楚，也可采用估算功能点；升级类软件项目一般选择估算功能点</td><td colspan="2">采用预估功能点法估算</td></tr>
<tr><td colspan="2">未调整的软件规模</td><td>50</td><td colspan="5"></td><td colspan="2">采用估算功能点法估算</td></tr>
<tr><td colspan="2">审定后软件规模</td><td>50</td><td colspan="5"></td><td colspan="2"></td></tr>
<tr><td colspan="10"></td></tr>
<tr><td>编号</td><td>子系统</td><td>一级模块</td><td>二级模块</td><td>功能点计数项名称</td><td>类别</td><td>UFP</td><td>重用程度</td><td>修改类型</td><td>US</td></tr>
<tr><td>1</td><td>合同管理系统</td><td>客户管理模块</td><td></td><td>用户信息</td><td>ILF</td><td>35</td><td></td><td></td><td>35.00</td></tr>
<tr><td>2</td><td></td><td></td><td></td><td>企业员工信息</td><td>EIF</td><td>15</td><td></td><td></td><td>15.00</td></tr>
</table>

图 2－6　规模计数结果示意图

选定软件因素、开发因素、前端应用与中台数据的关系等调整因子后，预算表会自动计算出工作量和费用，项目估算结果示意图如图 2－7 所示。

则该模块的预估开发和实施总体费用为 9.12 万元。

<table>
<tr><th colspan="2">软件造价预算与审定结果</th><th>预算结果</th><th>审定结果</th><th>备　注</th></tr>
<tr><td colspan="2">规模估算结果/功能点</td><td>50.00</td><td>50.00</td><td>功能点数</td></tr>
<tr><td colspan="2">规模变更调整因子取值</td><td>1.39</td><td>1.39</td><td>根据项目阶段或项目属性取值</td></tr>
<tr><td colspan="2">调整后规模/功能点</td><td>69.50</td><td>69.50</td><td></td></tr>
<tr><td colspan="2">基准生产率/[(人·时)/功能点]</td><td>6.90</td><td>6.90</td><td>2020年能源行业生产率中位数</td></tr>
<tr><td colspan="2">未调整工作量/(人·天)</td><td>59.94</td><td>59.94</td><td></td></tr>
<tr><td rowspan="5">调整因子</td><td>与中台数据的关系</td><td>1.00</td><td>1.00</td><td>前端应用与中台数据的逻辑关系</td></tr>
<tr><td>应用类型</td><td>1.00</td><td>1.00</td><td>根据应用系统实际类型取值</td></tr>
<tr><td>质量特性</td><td>1.00</td><td>1.00</td><td>无特别限定</td></tr>
<tr><td>开发语言</td><td>1.00</td><td>1.00</td><td>无特别限定</td></tr>
<tr><td>开发团队背景</td><td>0.80</td><td>0.80</td><td>无特别限定</td></tr>
<tr><td colspan="2">调整后工作量/(人·天)</td><td>47.96</td><td>47.96</td><td></td></tr>
<tr><td colspan="2">系统开发工作量占比</td><td>66.98%</td><td>66.98%</td><td>依据2020年行业基准数据</td></tr>
<tr><td colspan="2">系统实施工作量占比</td><td>33.02%</td><td>33.02%</td><td>依据2020年行业基准数据</td></tr>
<tr><td colspan="2">系统开发工作量/(人·天)</td><td>32.12</td><td>32.12</td><td></td></tr>
<tr><td colspan="2">系统实施工作量/(人·天)</td><td>15.83</td><td>15.83</td><td></td></tr>
<tr><td colspan="2">系统集成开发工作量/(人·天)</td><td>0.00</td><td>0.00</td><td>集成的其他系统数量，指首次与其他系统集成的通道开发，不含接口开发；＝（本端系统数量＋对端系统数量)×13人·天</td></tr>
<tr><td colspan="2">系统开发/系统集成开发人天费率</td><td>2100.00</td><td>2100.00</td><td>元/(人·天)</td></tr>
<tr><td colspan="2">系统实施/系统集成实施人天费率</td><td>1500.00</td><td>1500.00</td><td>元/(人·天)</td></tr>
<tr><td colspan="2">系统开发费用/万元</td><td>6.75</td><td>6.75</td><td rowspan="2">对应电力公司系统开发类费用</td></tr>
<tr><td colspan="2">系统集成开发费用/万元</td><td>0.00</td><td>0.00</td></tr>
<tr><td colspan="2">系统实施费用/万元</td><td>2.38</td><td>2.38</td><td>对应电力公司集成实施类费用</td></tr>
<tr><td colspan="2">软件项目整体费用/万元</td><td>9.12</td><td>9.12</td><td></td></tr>
</table>

图2-7　项目估算结果示意图

【需求描述 2】 合同管理系统中的系统管理模块负责对所有用户信息进行维护，包括用户注册、用户登录、导出用户信息、查询用户信息、修改用户信息、删除用户信息、统计用户信息等功能。用户注册时，合同管理系统需按照员工编号在人力资源管理系统中查询有没有此员工，若有，则会在注册界面上显示该员工的信息；若无，则会提示用户“该员工编号不存在”。用户登录需提供用户名和密码登录方式供用户使用。

假设合同管理系统为升级开发项目，并且客户管理模块是新增功能，则在规模估算表中，要选择估算功能点法，不但要识别逻辑文件，还要识别对逻辑文件的操作过程。

以上需求描述中，涉及 2 个系统，一个是合同管理系统，一个是人力资源管理系统。合同管理系统中要维护的用户信息，应识别为内部逻辑文件（ILF），从人力资源管理系统中调用的企业员工信息要识别为外部逻辑文件（ELF）。

因此，根据以上描述，可识别 2 个逻辑文件和 8 个基本过程如图 2－8 所示。

由于是升级开发项目，则在填写预算表时在其他调整因子相对不变的情况下，团队开发背景调整因子选 0.8，通过选定软件因素和开发因素调整因子后，预算表会自动计算出的工作量和费用，项目估算结果示意图如图 2－9 所示。

则该模块的预估开发和实施总体费用为 7.94 万元。

2.4.3　业务运营类项目

2.4.3.1　可研编制要求

对于业务运营类项目，目前工作任务范围包括系统迁移入池、系统性能优化等内容，如有其他工作内容，如系统物理迁移上云、系统升级或迁移等内容，要按照本部分要求编制可研内容。要在可研中明确业务运营工作涉及的各项任务，并描述各任务的实施方案、工作流程、工作量及对人员的要求。

<table>
<tr><td colspan="2">规模估算方法</td><td>估算功能点</td><td colspan="6">新开发软件项目一般选择预估功能点，如果对各种操作描述的非常清楚，也可采用估算功能点；升级类软件项目一般选择估算功能点</td><td colspan="2">采用预估功能点法估算</td></tr>
<tr><td colspan="2">未调整的软件规模</td><td>50</td><td colspan="6"></td><td colspan="2">采用估算功能点法估算</td></tr>
<tr><td colspan="2">审定后软件规模</td><td>50</td><td colspan="6"></td><td colspan="2"></td></tr>
<tr><td colspan="11"></td></tr>
<tr><td>编号</td><td>子系统</td><td>一级模块</td><td>二级模块</td><td>三级模块</td><td>功能点计数项名称</td><td>类别</td><td>UFP</td><td>重用程度</td><td>修改类型</td><td>US</td></tr>
<tr><td>1</td><td>人力资源管理系统</td><td>系统管理</td><td></td><td></td><td>用户注册信息</td><td>ILF</td><td>10</td><td></td><td></td><td>10.00</td></tr>
<tr><td>2</td><td></td><td></td><td></td><td></td><td>企业员工信息</td><td>ELF</td><td>7</td><td></td><td></td><td>7.00</td></tr>
<tr><td>3</td><td></td><td></td><td></td><td></td><td>查询员工信息</td><td>EQ</td><td>4</td><td></td><td></td><td>4.00</td></tr>
<tr><td>4</td><td></td><td></td><td></td><td></td><td>用户注册</td><td>EI</td><td>4</td><td></td><td></td><td>4.00</td></tr>
<tr><td>5</td><td></td><td></td><td></td><td></td><td>用户登录</td><td>EQ</td><td>4</td><td></td><td></td><td>4.00</td></tr>
<tr><td>6</td><td></td><td></td><td></td><td></td><td>导出用户信息</td><td>EQ</td><td>4</td><td></td><td></td><td>4.00</td></tr>
<tr><td>7</td><td></td><td></td><td></td><td></td><td>查询用户信息</td><td>EQ</td><td>4</td><td></td><td></td><td>4.00</td></tr>
<tr><td>8</td><td></td><td></td><td></td><td></td><td>修改用户信息</td><td>EI</td><td>4</td><td></td><td></td><td>4.00</td></tr>
<tr><td>9</td><td></td><td></td><td></td><td></td><td>删除用户信息</td><td>EI</td><td>4</td><td></td><td></td><td>4.00</td></tr>
<tr><td>10</td><td></td><td></td><td></td><td></td><td>统计用户信息</td><td>EO</td><td>5</td><td></td><td></td><td>5.00</td></tr>
<tr><td>11</td><td></td><td></td><td></td><td></td><td></td><td></td><td></td><td></td><td></td><td></td></tr>
</table>

图 2-8 规模计数结果示意图

业务系统迁移入池是指系统物理迁移上云后平台侧的配合支撑工作，包括前期调研、制订迁移方案、切换前应用系统测试、系统切换、切换后应用系统测试、业务应用并轨、业务应用单轨等工作内容。

系统性能优化主要是指为了解决业务响应耗时较长、系统架构设计不合理、系统运行不稳定、业务运行健壮性不足等问题，针对存储、主机、操作系统、数据库、中间件、网络等方面的调优工作。具体包含需求调研、分析诊断、方案测试和优化实施等工作内容。

<table>
<tr><td colspan="2">软件造价预算与审定结果</td><td>预算结果</td><td>审定结果</td><td>备　注</td></tr>
<tr><td colspan="2">规模估算结果/功能点</td><td>50.00</td><td>50.00</td><td>功能点数</td></tr>
<tr><td colspan="2">规模变更调整因子取值</td><td>1.21</td><td>1.21</td><td>根据项目阶段或项目属性取值</td></tr>
<tr><td colspan="2">调整后规模/功能点</td><td>60.50</td><td>60.50</td><td></td></tr>
<tr><td colspan="2">基准生产率（单位：人时/功能点）</td><td>6.90</td><td>6.90</td><td>2020 年能源行业生产率中位数</td></tr>
<tr><td colspan="2">未调整工作里/(人・天)</td><td>52.18</td><td>52.18</td><td></td></tr>
<tr><td rowspan="5">调整因子</td><td>与中台数据的关系</td><td>1.00</td><td>1.00</td><td>前端应用与中台数据的逻辑关系</td></tr>
<tr><td>应用类型</td><td>1.00</td><td>1.00</td><td>根据应用系统实际类型取值</td></tr>
<tr><td>质量特性</td><td>1.00</td><td>1.00</td><td>无特别限定</td></tr>
<tr><td>开发语言</td><td>1.00</td><td>1.00</td><td>无特别限定</td></tr>
<tr><td>开发团队背景</td><td>0.80</td><td>0.80</td><td>无特别限定</td></tr>
<tr><td colspan="2">调整后工作量/(人・天)</td><td>41.75</td><td>41.75</td><td></td></tr>
<tr><td colspan="2">系统开发工作量占比</td><td>66.98%</td><td>66.98%</td><td>依据 2020 年行业基准数据</td></tr>
<tr><td colspan="2">系统实施工作量占比</td><td>33.02%</td><td>33.02%</td><td>依据 2020 年行业基准数据</td></tr>
<tr><td colspan="2">系统开发工作量/(人・天)</td><td>27.96</td><td>27.96</td><td></td></tr>
<tr><td colspan="2">系统实施工作量/(人・天)</td><td>13.78</td><td>13.78</td><td></td></tr>
<tr><td colspan="2">系统集成开发工作量/(人・天)</td><td>0.00</td><td>0.00</td><td>集成的其他系统数量，指首次与其他系统集成的通道开发，不含接口开发；=(本端系统数量+对端系统数量)×13 人・天</td></tr>
<tr><td colspan="2">系统开发/系统集成开发人天费率</td><td>2100.00</td><td>2100.00</td><td>元/(人・天)</td></tr>
<tr><td colspan="2">系统实施/系统集成实施人天费率</td><td>1500.00</td><td>1500.00</td><td>元/(人・天)</td></tr>
<tr><td colspan="2">系统开发费用/万元</td><td>5.87</td><td>5.87</td><td rowspan="2">对应电力公司系统开发类费用</td></tr>
<tr><td colspan="2">系统集成开发费用/万元</td><td>0.00</td><td>0.00</td></tr>
<tr><td colspan="2">系统实施费用/万元</td><td>2.07</td><td>2.07</td><td>对应电力公司集成实施类费用</td></tr>
<tr><td colspan="2">软件项目整体费用/万元</td><td>7.94</td><td>7.94</td><td></td></tr>
</table>

图 2-9　项目估算结果示意图

在可研报告中对项目工作任务进行拆分时，可研编制人员要参照本书 WBS 方法分解规则，按功能逻辑树的形式进行拆分，并对拆分后的项目任务分别进行描述。

描述人员投入情况时，主要从项目角色、数量及技能素质要

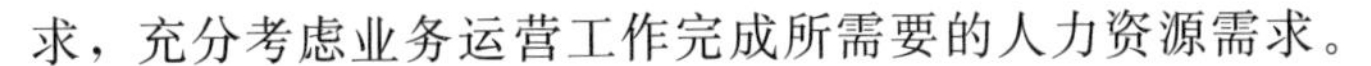

求，充分考虑业务运营工作完成所需要的人力资源需求。

2.4.3.2 预算编制要求

一、预算填报步骤

业务运营类项目预算填报步骤如下：

(1) 在“项目名称-投资预算和审核表”中的业务运营费用页面填报。首先，应将实施任务进行 WBS 分解，根据分解后的任务分别估算工作量；其次填写业务运营人员的人天费率。

(2) 在“项目名称-投资预算及审核表”中的业务运营费用页面对应表格中，自动计算出业务运营费用。

二、预算编制要求

项目预算编制人员在编制项目预算时，要在“项目名称-投资预算及审核表”的业务运营费用页面，根据可研报告内容的工作分解结构，将业务运营任务分解为若干个相对独立的任务（不超过三级）。

三、费用计算方法

根据每个任务所需人员数量和天数计算单个任务的工作量，各个任务的工作量累加起来得出该业务运营的总工作量，结合人天费率数据计算出项目预算值。

业务运营费用=业务运营工作量（人·天）×业务运营人天费率，业务运营人员人天费率参照电力行业相关规定执行，人天费率为 1500 元/(人·天)。

四、预算编制示例

业务运营项目预算编制示意图如图 2-10 所示。

2.4.4 数据工程类项目

2.4.4.1 可研编制要求

数据工程类项目主要包括数据接入、数据标准化、数据上传、数据盘点、数据资源目录构建、数据质量治理、数据产品（应用）研发及实施等内容。可研报告编制人员应根据在可研报告中明确数据工程类项目所涉及的各项任务，并描述各任务的实施方案、工作流程、工作量计对人员的要求。对项目工作任务进

序号	一级任务名称	二级任务名称	三级任务名称	工作说明	工作量/（人·天）	单价/[万元/（人·天）]	小计/万元
1	需求调研	数据采集		采集数据包括存储、主机、操作系统、数据库、中间件、网络等	10	0.15	1.50
2		健康检查		编写健康检查报告	5	0.15	0.75
3		编制优化需求报告		针对调研发现的问题编写优化需求报告	5	0.15	0.75
4	分析诊断	业务峰谷期数据采样及分析诊断		监控系统运行状况，并对业务峰谷期数据采样，基于采样数据进行分析诊断	10	0.15	1.50
5		性能基线发布		根据分析的结果，建立系统性能指标基线，并编写性能评估报告	8	0.15	1.20
6	方案测试	编写性能及架构优化方案		编写系统级、应用级优化方案、评审优化方案	5	0.15	0.75
7		测试环境准备		测试环境准备	2	0.15	0.30
8		编写测试计划及用例		根据优化方案，编写测试计划和用例，开展功能、性能、用户体验测试	5	0.15	0.75
9	优化实施	编写优化实施方案		根据优化方案和测试的结果，编写优化实施方案	2	0.15	0.30
10		优化实施演练		在测试环境中进行优化实施演练，包括回退预演	3	0.15	0..45
11		优化现场实施		对生产机进行优化实施	2.5	0.15	0.38
12		优化效果评估		根据跟踪情况，编写优化效果评估报告	3.5	0.15	0.53
13							
14							
合计					61		9.15

图2-10 业务运营项目预算编制示意图

行拆分时，可研编制人员要参照本书 WBS 方法分解规则方法拆分规则，按功能逻辑树的形式将每类工作任务拆分为底层工作单元，并对拆分后的项目任务分别进行描述。

描述人员投入情况时，主要从项目角色、数量及技能素质要求，充分考虑数据工程类项目工作完成所需要的人力资源需求。

说明：数据产品（应用）研发及实施工作的规模、工作量和费用估算，采用系统开发实施类项目费用估算方法。

2.4.4.2 预算编制要求

一、预算填报步骤

数据工程类项目预算填报步骤如下：

(1) 在“项目名称-投资预算和审核表”中的数据工程费用页面填报。首先，应将实施任务进行 WBS 拆分，根据拆分后的任务分别估算工作量；其次填写实施人员的人天费率。

(2) 在“项目名称-投资预算及审核表”中的数据工程费用页面对应表格中，自动计算出实施费用。

二、预算编制要求

项目预算编制人员在编制项目预算时，要在“项目名称-投资预算及审核表”的数据工程费用页面，根据可研报告内容的工作分解结构，将数据工程任务分解为若干个相对独立的任务（不超过三级）。

三、费用计算方法

数据工程类项目费用，计算方法为数据工程类任务的工作量，乘以人天费率。即：数据工程费用=数据工程类任务工作量(人·天)×数据工程人天费率。其中数据产品（应用）研发工作的人天费率按 2100 元/(人·天)；数据标准化、盘点、目录构建、质量治理工作的人天费率取 1800 元/(人·天)；数据接入、上传工作的人天费率取 1500 元/(人·天)。

四、预算编制示例

数据工程项目预算编制示意图如图 2-11 所示。

序号	一级任务名称	二级任务名称	三级任务名称	工作内容描述	工作量/（人·天）	单价/[万元/（人·天）]	小计/万元
1	技术元数据采集实施	数据源维护		收集并整理源端系统数据库基本信息，配置数据库实例、IP、端口、只读用户等接口信息，达到测试通过要求	2	0.15	0.30
2		技术元数据采集实施		人工执行或利用调度任务采集数据库表、视图及字段的名称、类别、关联关系等信息	2	0.15	0.30
3		数据质量采集实施		人工执行或利用调度任务采集数据库字段空置率、唯一性、值频率等信息	2	0.15	0.30
4		血缘关系采集实施		人工执行或利用调度任务采集数据库表、字段在产生、传输、至结束的数据流向信息	10	0.15	1.50
5	业务元数据维护实施	资源关系维护		以数据盘点成果为输入，完成与技术元数据相关联的业务含义、业务描述等信息的补充维护	2	0.15	0.30
6		标签配置		对表、视图、字段等数据库对象增加自定义属性，包括业务属性、管理属性等，形成具备过滤条件的功能配置	3	0.15	0.45
7	构建资源目录体系实施	资源目录构建		以数据盘点成果为输入，完成各层级功能菜单的父子级对应关系的梳理，以及末级功能菜单与数据表的对应关系梳理	5	0.15	0.75
8		业务术语定义		依据数据盘点成果，以数据库表中文名称为对象，完成对象去重操作及功能路径合并后，制定数据库表名称的唯一性定义，形成业务术语	5	0.15	0.75
9		业务术语挂载		将业务术语与数据库表、字段等对象相关联，将业务术语挂载至对象上，形成数据库对象的标准化引用	3	0.15	0.45
10							0.00
合计					34	0.11	5.10

图2-11 数据工程项目预算编制示意图

2.4.5　软硬件设备购置类项目

2.4.5.1　可研编制要求

可研编制人员要在可研报告中说明购买软硬件设备的原因、用途、现有设备及利旧情况等，并将需要购置的成品软件、硬件产品的名称、参数配置、数量、单位、单价等描述清楚，具体格式可参考“项目名称-投资预算及审核表”的软硬件设备购置费页面。

关于预算价格，应参考最近一年国招和省招软硬件产品价格，对于本次采购无法做参考的软硬件设备，要进行市场询价，并具体说明询价依据。

软硬件设备购置项目的范围和立项要求如图2-12所示。

项目类别	范　围	立项要求
软硬件购置项目	软件主要包括系统软件（数据库、中间件、服务器虚拟化、网络虚拟化、备份、操作系统等软件）、SAP软件，直属单位专用工具软件等；基础硬件主要包括服务器、存储、光纤交换机、负载均衡设备等；专用硬件主要包括95598呼叫平台设备；GIS地图主要包括地图购置及其技术服务	需单独立项
网络设备购置项目	主要包括路由器、交换机、流量控制设备、DNS产品、IP地址管理设备等	需单独立项
安全产品购置项目	主要包括常规安全产品（防火墙、入侵检测设备、入侵防御设备、WAF、APT、安全准入设备等），安全工具集（红蓝队技术装备、安全检测装备、稽查工具以及其他安全检测类产品等），信息安全网络隔离装置，信息网络安全接入与交互平台、防病毒软件、安全攻防演练设备、工控安全产品、桌管终端软件等	需单独立项
运维产品购置项目	主要包括自动化运维工具，测试与监测工具（压力测试工具、性能测试工具、流量监测分析工具等），管控工具（数据库防护及审计软件、上网行为管理产品等）等	需单独立项.

图2-12　软硬件设备购置项目范围和立项要求

2.4.5.2　预算编制要求

一、预算填报步骤

软硬件设备购置类项目包括软硬件购置项目、网络设备购置项目、安全产品购置项目、运维产品购置项目，采购中可包含相关的材料购置。

软硬件购置类项目预算填报步骤如下：

（1）在“项目名称-投资预算及审核表”中的软硬件设备购置费页面填报。首先，应对所需购置的软硬件类别或名称、参数配置要求详细描述；其次，填写设备单位、数量和单价。

（2）在“项目名称-投资预算及审核表”中的软硬件设备购置费页面对应表格中，自动计算出软硬件购置费用。

二、预算编制要求

根据可研编制要求和电力行业相关规定，基础软硬件购置、网络设备购置、安全产品购置、运维产品购置，应单独立项。

（一）软件产品预算编制要求

编制软件产品购置预算时，应按要求详细描述软件产品名称、参数要求、数量和单价等信息，将相关信息填写到“项目名称-投资预算及审核表”中的软硬件设备购置费页面中。

软件产品的参数要求见表 2-3。

表 2-3　软件产品的参数要求

序号	名　称	参 数 要 求
一	基础软件	
1	操作系统	产品名称/许可数量/版本号/版本类型等
2	数据库软件	产品名称/适用硬件环境/适用软件环境/许可数量/软件版本等
3	中间件	产品名称/适用硬件环境/许可数量/软件版本等
4	工具软件	产品名称/软件版本/功能模块/详细说明/软件环境/版本等
……	……	……
二	安全软件	
1	数字证书	产品名称/证书类别/适应的软硬件环境/许可数量/软件版本等
2	网络管理软件	产品名称/用户数量/适用硬件环境/适用软件环境/软件版本等

续表

序号	名　称	参 数 要 求
3	杀毒软件	产品名称/运行环境/许可数量/软件版本/防火墙功能/语言版本等
4	备份软件	产品名称/语言版本/用户数量/适用硬件环境/适用软件环境等
……	……	……
三	其他商用软件	
1	办公软件	产品名称/许可数量/版本号/版本类型/功能模块等
2	财务软件	产品名称/许可数量/版本号/版本类型/功能模块等
……	……	……
四	应用软件	产品名称/许可数量/版本号/版本类型/功能模块等

各类软件产品的采购数量和单价应参考最近一年内国招产品和省招产品的价格，并根据情况进行市场询价，附询价记录或报价单，且每项产品不少于三家供应商询价。询价记录内容主要包括产品名称、参数要求、生产厂家或销售单位、受询人及联系方式、询价记录人、询价时间、询价方式、产品单价、询价过程文件等。

（二）硬件产品预算编制要求

编制硬件产品购置预算时，应按要求详细描述硬件产品名称、参数要求、数量和单价等信息，将相关信息填写到“项目名称-投资预算及审核表”中的软硬件设备购置费页面中。

硬件产品的参数要求见表2-4。

表2-4　　硬件产品的参数要求

序号	名　称	参 数 要 求
一	网络设备	
1	路由器	端口结构/网络管理/包转发率/网络协议/QoS支持/VPN支持/产品内存/处理器/扩展模块/电源功率/局域网接口等

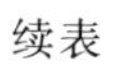

续表

序号	名　称	参数要求
2	交换机	产品类型/应用层级/传输速率/背板带宽/VLAN/网络标准/端口结构/交换方式/扩展模块/传输模式/端口数量/包转发率等
3	集线器	应用范围/适用网络类型/传输速率/端口类型/端口数/网络标准/其他技术参数等
4	VPN 设备	VPN 设备类型/接口/协议/特性/主机硬件配置等
5	负载均衡器	设备类型/硬件配置/网络端口配置/背板带宽/网络吞吐量/交流电源等
6	防火墙	设备类型/用户数限制/安全过滤带宽/其他性能/管理等
……	……	……
二	主机设备	
1	服务器	产品类型/产品结构/CPU 型号/CPU 数量及频率/总线规格/内存容量/硬盘容量/内部硬盘架数/网络控制器/电源类型/最大内存容量/扩展槽/光驱/RAID 模式/系统支持等
2	服务器配件	产品类型/适用机型/产品性能等
3	小型机	处理器类型/处理器主频/处理器缓存/最大处理器个数/内存类型/标准内存容量/最大内存容量/硬盘类型/标准硬盘容量/网卡类型/数量/扩展槽数量/操作系统等
4	工作站	CPU 类型/CPU 主频/CPU 型号/最大 CPU 数量/主板芯片组/内存类型/内存大小/最大内存容量/硬盘容量/显卡芯片/音频系统/声卡/网卡描述等
5	周边设备	产品类型/适用机型/产品性能等
……	……	……
三	存储设备	
1	磁盘阵列	外接主机通道/单机磁盘数量/处理器/RAID 支持/最大存储容量/平均传输率/硬盘转速/高速缓存/系统支持/内置硬盘接口/长度等

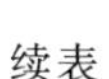

续表

序号	名　称	参 数 要 求
2	磁带库	最大存储容量/压缩后存储容量/持续数据传输率/驱动器数目/驱动器类型/插槽数/无故障时间/存储技术/支持存储介质/产品电源/产品功率等
3	网络存储	产品类型/接口类型/接口/最大存储容量/网络传输协议/网络文件协议/处理器等
……	……	……

各类硬件产品的采购数量和单价应参考最近一年内国招产品和省招产品的价格，并根据情况进行市场询价，附询价记录或报价单，且每项产品不少于三家供应商询价；如果最近一年未进行招标，也需进行市场询价。询价记录内容主要包括产品名称、参数要求、生产厂家或销售单位、受询人及联系方式、询价记录人、询价时间、询价方式、产品单价、询价过程文件等。

三、费用计算方法

软件产品购置费包括信息化建设项目中所需基础软件、安全软件及其他商用软件的采购费用。软件主要包括系统软件（数据库、中间件、服务器虚拟化、网络虚拟化、备份、操作系统等软件）、SAP 软件、专用工具软件等；安全产品购置项目软件，如防病毒软件、桌面终端软件等；运维产品购置项目软件，如自动化运维工具，测试与监测工具（压力测试工具、性能测试工具、流量监测分析工具等），管控工具（数据库防护及审计软件、上网行为管理产品）等。

软件产品购置费因产品的品牌、版本、功能而不同，因此在编制软件产品购置费用前，预算编制部门首先应明确产品的主要参数要求及数量，各类型产品的参数要求，参见本书预算编制要求相关内容。编制预算时要按要求将软件产品信息，填写到“项目名称-投资预算及审核表”中的软硬件设备购置费页面对应位置，表中所有信息均为必填项，如有缺失的参数指标，需要在备注中说明。软件产品购置费计算公式如下：

软件产品购置费=软件产品数量×产品单价

软件产品购置费表格会自动计算购置费用，产品单价中要包含必要的软件产品安装和调试费用，如果无需产品供应商安装调试，相关费用不需计入。

硬件设备购置费包括信息化建设项目中所需基础硬件、网络设备、安全产品、运维产品等硬件设备购置费用。

硬件设备购置费因设备的性能及配置而不同，因此在编制硬件设备购置费用前，预算编制部门首先应明确设备的主要参数要求及数量，各类型产品的参数要求，参见预算编制要求相关章节。编制预算时要按要求将硬件产品信息，填写到“项目名称-投资预算及审核表”中的软硬件设备购置费页面对应位置，表中所有信息均为必填项，如有缺失的参数指标，需要在备注中说明。硬件产品购置费计算公式如下：

硬件产品购置费=硬件产品数量×产品单价

硬件产品购置费表格会自动计算购置费用，产品单价中要包含必要的硬件产品安装和调试费用，如果无需产品供应商安装，相关费用不需计入。

四、预算编制示例

软件、硬件产品购置预算示意图如图2-13、图2-14所示。

软件产品购置费						
序号	软件类别	配置说明	单位	数量	单价/万元	小计/万元
1	操作系统	Red Hat Enterprise Linux Server (Premium)；V7.0增强版	套	1	0.95	0.95
2	数据库	Oracle Database 12c 企业版	套	1	31.00	31.00
3						0.00
4						0.00
5						0.00
6						0.00
7						0.00
合计/万元						31.95

图2-13　软件产品购置预算示意图

硬件产品（含辅助材料）购置费						
序号	硬件名称	配置说明	单位	数量	单价/万元	小计/万元
1	服务器	4路8核128G；Xeon E7-4820 v2，4U机架式，4路8核，标配1块300GB SAS热插拔2.5寸硬盘（1000转），最大可拓展到14.4TB存储空间	台	3	11.52	34.56
2	中端存储	LANDERS Actilib LTO-7磁带库磁带驱动器FC磁带机中端存储解决方案4U-48槽位	台	1	32.5	32.50
3	高端存储	每台4控/每控1TB缓存/单盘容量1.92T的SSD盘/裸容量120TB	台	2	144.86	289.72
4						0.00
5						0.00
6						0.00
7						0.00
合计/万元						356.78

图2-14 硬件设备购置预算示意图

2.4.6 建设类项目

2.4.6.1 可研编制要求

建设类项目主要包括机房环境建设或试验环境建设相关的设计、建筑、电气、安装、网络等基础设施的新建、扩建和改造，本部分的工作内容描述可分类分项完成。

可研编制人员要分项分类描述建设类项目所需完成的工作任务，包括但不限于需求分析、方案设计、施工规划、软硬件购置、安装调试等。

2.4.6.2 预算编制要求

一、预算填报步骤

建设类项目预算填报步骤如下：

（1）在“项目名称-投资预算及审核表”中的建设类费用页面填报。

（2）建设建安工程费中的机房建筑工程费和试验环境建筑工程费参照电力行业技术改造工程概算定额体系执行，直接填报费用数据。

(3) 建设建安工程费中的设备购置费用填报方式参考软硬件购置类项目。首先，应对所需购置的设备名称、参数配置要求详细描述；其次，填写设备单位、数量和单价，则设备购置费用自动算出。

(4) 建设建安工程费中的安装费参照电力行业技术改造工程概算定额体系执行，直接填报费用数据。

(5) 其他费用中的项目建设管理费和项目建设技术服务费参照本书其他费用相关内容执行，直接填报费用数据。

(6) 定额不足部分执行地方定额。

二、预算编制要求

机房或试验环境的建筑工程费用参照电力行业技术改造工程概算定额体系执行；设备购置费用根据方案选型选择相应档次的产品和价格，根据设计图纸计算所需设备和材料的数量；安装费用参照电力行业技术改造工程概算定额体系执行。定额不足部分执行地方定额。

机房建设工程类预算，如果按信息化项目预算模式进行预算，要按照“项目名称-投资预算及审核表”中的机房建设工程费页面中规定的格式填写。应先按不同的工作任务划分模块，每个模块再进行细分，具体填写细项，见表2-5。

表2-5　　机房和试验环境建设产品参数要求

序号	名　称	参数要求
一	机房工程	
1	机房装修	墙面/地面/立柱/门窗/吊顶/防静电地板/隔断/门窗/防潮防尘防火防静电处理等/保密区特殊装修
2	供配电	配电柜或配电箱/发电机组/UPS电源/插座等
3	照明	产品名称/功率/电源效率/功率因数/输入电压/光源光通量/发光角度/色温/壳温度/使用寿命/工作温度/工作湿度/灯体材料

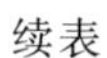

续表

序号	名　称	参 数 要 求
4	防雷	设备类型/最大工作电压/最大放电电流/残压/连接方式
5	消防	灭火和消防警告系统
	……	
二	机房设备	
1	UPS电源	UPS类型/额定功率/电池类型/外观尺寸
2	专用空调	应用范围/制冷量范围/送风方式/其他参数/风量/产品特性/机组尺寸
3	KVM切换器	产品类型/主要参数/最大距离/接口数/其他性能/操作系统/特点/通道切换时间/支持分辨率/电源电压/产品尺寸/产品重量/工作温度/工作湿度/储存温度
4	机柜	类型/容量/门及门锁/材料及工艺/高度/宽度/深度/附加功能
5	接线板	型号/主要参数
……	……	……
三	安防监控	
1	安防监控	产品类型/产品功能/分辨率/镜头/摄像机性能/视频输出/控制接口/电源电压/电源功率/产品尺寸/产品重量/环境温度
2	防盗报警	产品类型/其他参数/报警输出/联网功能/工作电压/显示方式/产品尺寸/使用环境
3	视频会议	产品类型/完成功能/速率/视像分辨率/网络接口/控制接口/带宽要求/电源/功耗/工作温度/工作湿度
4	中央控制系统	系统构成/标准配件/视频输入端口/音频输入端口/视频输出端口/电力输入/电力输出
5	门禁系统	产品类型/验证方式/存储容量/识别算法/验证速度/摄像头/显示屏/键盘按键/通信接口/防拆报警/随机软件/电源电压
……	……	……

续表

序号	名　称	参 数 要 求
	安防监控	产品类型/产品功能/分辨率/镜头/摄像机性能/视频输出/控制接口/电源电压/电源功率/产品尺寸/产品重量/环境温度
	防盗报警	产品类型/其他参数/报警输出/联网功能/工作电压/显示方式/产品尺寸/使用环境
	视频会议	产品类型/完成功能/速率/视像分辨率/网络接口/控制接口/带宽要求/电源/功耗/工作温度/工作湿度
	中央控制系统	系统构成/标准配件/视频输入端口/音频输入端口/视频输出端口/电力输入/电力输出
	门禁系统	产品类型/验证方式/存储容量/识别算法/验证速度/摄像头/显示屏/键盘按键/通信接口/防拆报警/随机软件/电源电压
……	……	……

三、费用计算方法

该类项目主要包括机房环境建设或试验环境建设相关的设计、建筑、电气、安装、网络等基础设施的新建、扩建和改造，费用计算根据相应的定额标准和要求计算。

对于机房环境建设或试验环境建设相关的软硬件设备的购置费用，要在建设类项费用明细表中填写具体的名称、型号、参数、单位、数量和单价，数量乘以单价就是单类产品的预算，所有产品的预算汇总就是所需软硬件设备的购置预算。

四、预算编制示例

建设类项目预算编制示意图如图 2－15 所示。

根据填写的数量和单价，预算表会自动计算出机房建设工程相关内容的汇总预算。

机房建设工程费明细							
序号	名　称	品牌型号	规 格 参 数	单位	数量	单价/万元	小计/万元
1	楼宇控制系统						
1.1	DDC控制器	JOHNSON	DX-9100扩展式控制器	台	1	3.80	3.80
1.2	DDC控制器	森威尔	SASSTEP3-MCU-31	台	1	2.50	2.50
1.3	针式打印机	EPSON	LQ-300k+II	台	1	0.20	0.20
1.4	网络控制引擎	施耐德	UNC-520-2-N	台	1	9.60	9.60
1.5	网络控制引擎	JOHNSON	MS-NAE3510-2	台	1	4.60	4.60
1.6	数字量输入模块	西门子	EM221	台	1	0.06	0.06
1.7	网络控制器	施耐德	4MB 321/0 64 inf 4 Com 10bT	台	1	47.50	47.50
1.8	网络控制器	施耐德	UNC-410-1-N	台	1	25.00	25.00
1.9	楼控管理软件	ABB	模拟图像编辑功能，定时控制功能，实时监控设备状态	套	1	2.70	2.70
2	UPS系统						
2.1	UPS主机	艾默生	Hipulse NXL 800kVA 12脉冲	台	1	110.50	110.50
2.2	UPS主机	艾默生	Hipulse NXL500kVA 12脉冲	台	1	91.00	91.00
2.3	UPS分配柜	西门子	SIVACON 8PT	台	1	1.20	1.20
2.4	UPS电源	维谛	UHAIR	台	1	7.00	7.00
2.5	UPS电池开关柜	鑫汇利	800×500×1600/主开关63A-1500A	台	1	0.40	0.40
2.6	UPS电池开关柜	鑫汇利	DA08-03	台	1	0.40	0.40

图2-15　建设类项目预算编制示意图

2.4.7 其他预算费用

2.4.7.1 项目建设技术服务费

项目建设技术服务费包括可行性研究文件编制费、项目设计费、设计文件评审费和项目系统检测费等。电力企业信息化项目涉及的委托其他机构提供的项目建设技术服务内容中，大多数为编制可行性研究报告的内容。本书仅给出可行性研究文件编制费测算计算方法，各电力企业如有其他服务内容可参考此方法。

信息化项目建设技术服务费中的可行性研究文件编制费的计算公式如下：

可行性研究文件编制费＝项目总体预算价格×费率

费率按照本书项目建设技术服务费规定的办法取费。如果电力行业或电力企业有最新的规定，按最新规定的费率计算。

2.4.7.2 项目监理费

根据电力企业信息化项目特点，项目监理费仅适用于机房建设类项目，是机房建设工程预算总额乘以相应的费率计算得到。

项目监理费主要依据《工程建设监理收费标准》（发改价格〔2007〕670号）执行，并综合考虑市场价格等因素而定。

项目监理费＝信息化工程预算总额×费率

按照建设项目工程概算投资额分档定额计费方法收费见表2-6（监理服务收费基价表）。

表2-6 项目监理费收费标准 单位：万元

序号	工程建设费用计费额	收费基价	收费基价占计费额百分比/%
1	100	4.3	4.30
2	300	11.4	3.80
3	500	16.5	3.30
4	1000	30.1	3.01

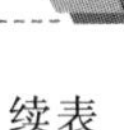

续表

序号	工程建设费用计费额	收费基价	收费基价占计费额百分比/%
5	3000	78.1	2.60
6	5000	120.8	2.42
7	8000	181.0	2.26
8	10000	218.6	2.19

注意：监理费按内插法计算，如项目工程造价为6000万元，则项目监理费计算方法如下：120.8＋(181.0－120.8)/(8000－5000)×(6000－5000)＝140.87（万元）。

2.4.7.3 第三方测试费

第三方测试的应用场景一般是指在软件系统正式验收前，由业主方委托第三方软件评测机构进行的测试，测试范围可包括功能、性能、安全性、易用性、可移植性、可维护性等各项特性进行测试。评测依据为：《系统与软件工程系统与软件质量要求和评价（SQuaRE）第51部分：就绪可用软件产品（RUSP）的质量要求和测试细则》（GB/T 25000.51—2016）。

测试收费一般会根据功能的多少、测试要求、系统复杂度等进行报价，目前测试报价国家还没有统一的取费标准，具体项目的测试收费可参照行业市场收费状况。按照建设项目工程概算投资额分档定额计费方法收费，见表2-7（第三方测试服务收费标准）。计算公式如下：

第三方测试费用＝系统开发实施费用×费率

表2-7 **第三方测试服务收费标准** 单位：万元

序　号	系统开发实施费用计费额	收费费率/%
1	≤500	2.20
2	1000	1.90
3	3000	1.60

续表

序　号	系统开发实施费用计费额	收费费率/%
4	5000	1.30
5	≥10000	1.00

2.5　可研报告模板内容

可行性研究报告的编制内容和详细程度，直接会影响信息化项目预算结果的准确性，以及评审人员对可研内容符合性的判断。

可行性研究报告的内容主要应从以下方面对信息化项目进行阐述，具体可参见《项目可行性研究报告》模板（见本书信息化项目可行性研究报告模板）：

（1）可行性研究的依据。要描述可行性研究的依据，包括但不限于电力行业要求、公司信息化规划、业务管理需要等。

（2）必要性分析。要充分阐述本项目建设的必要性，并对业务管理的影响进行分析。

（3）效益分析。阐明本信息化建设项目的预期经济效益、社会效益、管理效益等内容。

（4）建设现状。针对业务应用系统建设项目，描述当前业务系统现状（针对续建类项目）或当前业务现状（针对新建类项目）。描述业务职能现状，描述支撑业务职能所对应信息系统建设现状、建设历程、应用现状、系统部署现状、系统集成情况、应用成效及业务职能与应用功能对应关系情况等。

针对信息化基础设施类建设项目，描述现有相关基础设施现状。

（5）项目需求分析。对于软件开发类项目，要分模块分级概要描述系统功能需求，针对业务应用系统建设项目，从业务功能需求、集成需求和非功能需求三方面进行充分描述。其中，非功能需求包括性能与可靠性、信息安全、系统灾备要求等。

针对信息化基础设施类建设项目，说明所需基础设施类别及规模。具体可参考《电力企业信息系统非功能性需求规范》及《电力企业关于进一步加强信息系统建转运管理的通知》中关于性能与可靠性、应用及运行监控、可维护性、易用性、系统灾备设计相关要求。要说明本项目预期要满足相应规范化文件要求的程度。

（6）建设方案。描述项目建设内容，业务应用系统建设项目，明确信息化项目设计、开发、实施、系统集成相关建设内容。信息化基础设施类建设项目，明确基于基础设施需求所开展的规划及实施工作。

描述项目技术方案，包括系统总体架构及说明、架构遵从情况（简要说明，详细架构说明在概要设计中描述）、采用技术方案、技术路线、关键技术。

描述项目管理情况，包括项目管理、项目人员构成、项目进度（设计开发、实施分开描述）、项目培训需求（如有需要）。

（7）经济性与财务合规性。按照电力企业项目可研经济性与财务合规性评价指导意见要求，对项目的经济性与财务合规性进行分析。论述项目在前期立项阶段是否符合国家法律、法规、政策以及公司内部管理制度等各项强制性财务管理规定要求，以及项目在投入产出方面的经济可行性与成本开支的合理性。

（8）软硬件设计。测算业务应用系统建设、信息化基础设施类建设等项目所需软硬件、网络、安全等设备及配置清单。对于本信息化项目中涉及的软硬件部署方式和架构进行描述，并且要对硬件现状（新建项目无需描述）、利旧情况、容量测算及对硬件的需求进行说明。包括服务器需求、存储容量、网络接入需求、负载均衡接入需求、安全等级及设备需求等。

（9）项目预算。本部分要对投资预算内容进行描述，并且要附上对应的项目投资预算及审核表。

2.5.1 信息化项目可行性研究报告模板

信息化项目可行性研究报告模板如下：

信息化项目可行性研究报告

项目名称：××××

申报单位：××××

编制单位：××××

××××年××月××日

编　制：×××

校　核：×××

审　核：×××

批　准：×××

目　录

1　总论

1.1　主要依据

1.2　必要性分析

1.3　效益分析

2　建设现状

3　项目需求分析

3.1　业务功能需求

3.2　非功能需求

4　建设方案

4.1　项目目标

4.2　建设内容

4.3　项目范围

4.4　技术方案

4.5　项目管理

5　经济性与财务合规性

6　软硬件设计

6.1　部署方案

6.2　服务器需求测算

6.3　基础环境需求

7　主要设备材料清册

7.1　编制说明

7.2　主要设备材料表

8　项目预算

1　总论

1.1　主要依据

【阐明编写可研报告的主要依据，包括企业政策文件．公司建设规划、公司业务管理需要等】

1.2　必要性分析

【阐明本信息化建设项目的必要性，并对业务管理的影响进行分析】

1.3　效益分析

【阐明本信息化建设项的预期经济效益、社会效益、管理效益等内容】

2　建设现状

【针对业务应用系统建设项目。描述当前业务系统现（针对续建类项目）或当前业务现状（针对新建类项目）。描述业务职能现状，描述支撑业务职能所对应信息系统建设现状、建设历程、应用现状、系统部署现状、系统集成情况、应用成效及业务职能与应用功能对应关系情况等．针对信息化基础设施类建设项目．描述现有相关基础设施现状】

3　项目需求分析

3.1　业务功能需求

【简要描述系统主要的业务需求，可分模块、分层级进行概括性描述。对于与其他系统有数据推送或调用的，概括性描述所需的集成需求。对于涉及软硬件采购类项目。要描述软硬件购置需求】

3.2　非功能需求

【描述用户非功能需求，包括性能与可靠性、信息安全、系统灾备要求等。详细描述关于性能与可靠性、应用及运行监控、可维护性、易用性。系统灾备设计相关要求】

4　建设方案

4.1　项目目标

【分析各方的实际需要，确定信息化项目所达到的目标】

4.2　建设内容

【明确信息化项目设计、开发、实施、系统集成、软硬件购置等相关建设内容。软件开发类项目。要描述系统的业务功能需求，对于新建项目，要 WBS 方法对功能进行拆分，分模块分别描述业务功能，包括系统涉及的操作对象（数据），并明确对这些数据进行哪些基本的操作；对于升级类项目，要分模块描述清楚需要增加、修改和删除等操作功能；其他实施类项目要描述清楚工作内容。本部分由于是重点内容，可根据实际情况分三级、四级标题进行描述】

4.3　项目范围

【确定项目实施涉及的工作范围，建议以交付成果为导向进行描述】

4.4　技术方案

【包括系统总体架构及说明、架构遵从情况（简要说明，详细架构说明在概要设计中描述）、采用的技术方案、关键技术等】

4.5　项目管理

【包括项目环境说明、项目管理、项目人员构成、项目工期、主要交付成果、项目培训需求（如有需要）等】

5　经济性与财务合规性

【对项目的经济性与财务合规性进行分析。论述项目在前期立项阶段是否符合国家法律、法规、政策以及企业内部管理制度等各项强制性财务管理规定要求，以及项目在投入产出方面的经济可行性与成本开支的合理性】

6　软硬件设计

【测算业务应用系统建设、信息化基础设施类建设等项目所需软硬件、网络、安全等设备及配置清单】

6.1　部署方案

【明确软硬件部署方式（一级、二级、两级等）、部署地点（总部、省市公司、灾备中心等）以及硬件部署架构说明等】

6.2　服务器需求测算

【包括设备现状描述（新建项目无须描述）、设备利用说明、服务器需求说明及容量测算等】

6.3　基础环境需求

【包括存储容量估算、网络接入需求、存储网络接入需求、负载均衡接入需求、安全等级及设备需求】

7　主要设备材料清册

7.1　编制说明

【说明材料清册的组成、内容、范围：说明提请上级机关和有关部门注意和明确的问题。说明主要设备或材料的选用与企业物资标准目录的差异及不能选用标准目录物资的原因】

7.2　主要设备材料表

【主要设备材料表应包括名称、规格、数量等栏目、并说明是否包括运行维护工器具和备品备件，以及是否计入设备材料损耗等】

8　项目预算

【本部分请按照“项目名称-投资预算及审核表”中的相应内容格式填写。此处应说明本项目总体预算金额，以及各分项金额。可从“项目名称-投资预算及审核表”中的预算汇总页拷贝或摘示，并附预算文件】

2.5.2　其他相关模板

一、项目预算及审核汇总表

项目预算及审核汇总表如图 2 - 16 所示。

二、软件规模估算（仅开发类项目适用）

软件规模估算（仅开发类项目适用）如图 2 - 17 所示。

三、开发实施类项目费用

开发实施类项目费用如图 2 - 18 所示

四、系统实施费用估算（附加）

系统实施费用估算（附加）如图 2 - 19 所示。

五、调整因子

调整因子如图 2 - 20 所示。

六、咨询设计费用

咨询设计费用如图 2 - 21 所示。

七、业务运营费

业务运营费如图 2 - 22 所示。

八、数据工程费

数据工程费如图 2 - 23 所示。

九、软硬件设备购置费用

软硬件设备购置费用如图 2 - 24 所示。

十、建设类项目费用

建设类项目费用如图 2 - 25 所示。

十一、其他费用

其他费用如图 2 - 26 所示。

项目预算及审核汇总表					
序号	费用类别	预算金额/万元	审定金额/万元	核增、减（+、-）	备注
1	系统开发实施类费用	23.51	34.33	10.82	
1.1	系统开发类费用	17.76	25.76	8.00	含功能开发和系统集成开发费用
1.2	集成实施类费用	5.15	7.96	2.82	含系统实施和系统集成实施费用
1.3	系统实施费用估算（附加）	0.60	0.60	0.00	
2	咨询设计费用	5.00	0.00	-5.00	
3	业务运营费用	1.50.	0.00	-1.50	
4	数据工程费用	0.00	0.00	0.00	
5	软硬件产品购置费	8.00	0.00	-8.00	
5.1	软件产品购置费	2.00	0.00	-2.00	
5.2	硬件产品购置费	6.00	0.00	-6.00	
6	建设类费用	12.00	0.00	-12.00	
6.1	机房环境建设	4.00	0.00	-4.00	
6.2	试验环境建设	4.00	0.00	-4.00	
6.3	安装费	4.00	0.00	-4.00	
7	其他费用	0.00	0.00	0.00	
7.1	项目建设技术服务费	0.00	0.00	0.00	编制可行性研究报告
7.2	项目建设管理费	0.00	0.00	0.00	招标费/监理费
7.3	第三方测试费	0.00	0.00	0.00	
合计		50.01	34.33	-15.68	

图 2-16 项目预算及审核汇总表

规模估算方法	估算功能点	新开发软件项目一般选择预告功能点，如果功能描述的非常清楚，也可采用估算功能点：升级类软件项目/利用已有数据进行新应用开发的项目，一般选择估算功能点	采用预估功能点法估算规模，只需要识别逻辑文件即可
未调整的软件规模	79		采用估算力能点法估算规模，需要识别逻辑文件和对逻辑文件的操作
审定后软件规模	79		

编号	子系统	一级模块	二级模块	三级模块	功能点计数项名称	类别	UFP	重用程度	修改类型	US	审定类别	UFP	重用程度	修改类型	审定US	备注
1	人力资源管理系统	部门管理	部门管理		部门信息	ILF	10			10.00	ILF	10			10.00	
2					新建部门信息	EI	4			4.00	EI	4			4.00	
3					修改部门信息	EI	4			4.00	EI	4			4.00	
4					删除部门信息	EI	4			4.00	EI	4			4.00	
5		人员管理	人员管理		员工信息	ILF	10			10.00	ILF	10			10.00	
6					新增员工信息	EQ	4			4.00	EQ	4			4.00	
7					修改员工信息	EQ	4			4.00	EQ	4			4.00	
8					删除员工信息	EI	4			4.00	EI	4			4.00	
9					导出员工信息	EQ	4			4.00	EQ	4			4.00	
10					打印员工信息	EI	4			4.00	EI	4			4.00	
11		薪资管理	薪资管理		薪资信息	ILF	10			10.00	ILF	10			10.00	
12					新增薪资信息	EI	4			4.00	EI	4			4.00	
13					修改薪资信息	EI	4			4.00	EI	4			4.00	
14					统计薪资信息	EO	5			5.00	EO	5			5.00	
15					查询薪资信息	EQ	4			4.00	EQ	4			4.00	
16																
17																
18																
合计							79			79.00		79			79.00	

图2-17 软件规模估算（仅开发类项目适用）

软件造价预算与审定结果		预算结果	审定结果	备　注
规模估算结果/功能点		79.00	79.00	功能点数
规模变更调整因子取值		1.21	1.21	根据项目阶段或项目属性取值
调整后规模/功能点		95.59	95.59	
基准生产率/[(人·时)/功能点]		6.90	6.90	2020年能源行业生产率中位数
未调整工作量/(人·天)		82.45	82.45	
调整因子	与中台数据的关系	1.00	1.00	前端应用与中台数据的逻辑关系
	应用类型	1.00	1.30	根据应用系统实际类型取值
	质量特性	1.05	1.00	无特别限定
	开发语言	1.00	1.00	无特别限定
	开发团队背景	1.20	1.00	无特别限定
调整后工作量/(人·天)		103.88	160.77	
系统开发工作量占比		66.98%	66.98%	依据2020年行业基准数据
系统实施工作量占比		33.02%	33.02%	依据2020年行业基准数据
系统开发工作量/(人·天)		69.58	107.68	
系统实施工作量/(人·天)		34.30	53.09	
系统集成开发工作量/(人·天)		15.00	15.00	集成的其他系统数量，指首次与其他系统集成的通道开发，不含接口开发；=(本端系统数量+对端系统数量)×13人·天
系统开发/系统集成开发人天费率		2100.00	2100.00	元/(人·天)
系统实施/系统集成实施人天费率		1500.00	1500.00	元/(人·天)
系统开发费用/万元		14.61	22.61	对应电力公司系统开发类费用：系统开发包括系统接口开发
系统集成开发费用/万元		3.15	3.15	
系统实施费用/万元		5.15	7.96	对应电力公司集成实施类费用：包括系统集成实施和系统实施费用
软件项目整体费用/万元		22.91	33.73	

图2-18（一）　开发实施类项目费用

<table>
<tr><td colspan="3">调整因子取值（申报）</td><td>调整因子</td></tr>
<tr><td colspan="2">规模变更调整因子</td><td>采用已有的数据功能完成新应用的开发</td><td>1.21</td></tr>
<tr><td rowspan="4">质量因素（工作量调整因子）</td><td>分布式处理</td><td>通过特别的设计保证在多个服务器及处理器上同时相互执行应用中的处理功能</td><td>1.00</td></tr>
<tr><td>性能</td><td>应答时间或处理率对高峰时间或所有业务时间来说都很重要，存在对连动系统结束处理时间的限制</td><td>0.00</td></tr>
<tr><td>可靠性</td><td>发生故障时造成重大经济损失或有生命危害</td><td>1.00</td></tr>
<tr><td>多重站点</td><td>在设计阶段需要考虑不同站点的相似硬件或软件环境下运行需求</td><td>0.00</td></tr>
<tr><td colspan="2">开发语言（技术复杂度调整因子）</td><td>Java、C＋＋、C＃及其他同级别语言/平台</td><td>1.00</td></tr>
<tr><td colspan="2">开发团队背景（技术复杂度调整因子）</td><td>没有同类软件及本行业相关软件开发背景</td><td>1.20</td></tr>
<tr><td colspan="2">前端应用与中台数据的关系（业务复杂度）</td><td>前端应用过程进行业务处理时需要重新设计和处理业务逻辑</td><td>1.00</td></tr>
<tr><td colspan="2">应用类型（业务复杂度）</td><td>办公自动化系统、日常管理及业务处理用软件等</td><td>1.00</td></tr>
<tr><td colspan="3">调整因子取值（审定）</td><td>审定调整因子</td></tr>
<tr><td colspan="2">规模变更调整因子</td><td>采用已有的数据功能完成新应用的开发</td><td>1.21</td></tr>
<tr><td rowspan="4">质量因素（工作量调整因子）</td><td>分布式处理</td><td>通过网络进行客户端/服务器及网络基础应用分布处理和传输</td><td>0.00</td></tr>
<tr><td>性能</td><td>应答时间或处理率对高峰时间或所有业务时间来说都很重要，存在对连动系统结束处理时间的限制</td><td>0.00</td></tr>
<tr><td>可靠性</td><td>发生故障时带来较多不便或经济损失</td><td>0.00</td></tr>
<tr><td>多重站点</td><td>在设计阶段需要考虑不同站点的相似硬件或软件环境下运行需求</td><td>0.00</td></tr>
<tr><td colspan="2">开发语言（技术复杂度调整因子）</td><td>C及其他同级别语言/平台</td><td>1.50</td></tr>
<tr><td colspan="2">开发团队背景（技术复杂度调整因子）</td><td>为其他行业开发过类似的软件，或为本行业开发过不同但相关的软件</td><td>1.00</td></tr>
<tr><td colspan="2">前端应用与中台数据的关系（业务复杂度）</td><td>前端应用过程进行业务处理时需要重新设计和处理业务逻辑</td><td>1.00</td></tr>
<tr><td colspan="2">应用类型（业务复杂度）</td><td>多媒体数据处理；地理信息系统；教育和娱乐应用等</td><td>1.30</td></tr>
</table>

图 2-18（二）　开发实施类项目费用

序号	工作内容	估算工作量/(人·天)	人天费率/万元	费用小计/万元	备注	审核工作量/(人·天)	审核小计/万元
1	开发	4	0.15	0.6		4	0.60
2			0.15	0			0.00
3			0.15	0			0.00
4			0.15	0			0.00
5			0.15	0			0.00
6			0.15	0			0.00
7			0.15	0			0.00
8			0.15	0			0.00
9			0.15	0			0.00
10			0.15	0			0.00
11			0.15	0			0.00
12			0.15	0			0.00
合计		4	—	0.6		4	0.6

说明1：基本的系统实施费用已经通过方程法进行了估算，包括系统测试、联调测试、系统安装部署、培训和上线支持等。

说明2：本部分的内容应根据项目实际需要，基本的系统实施工作量不能完全涵盖的部分，如多个站点的安装调试、大量基础数据处理等。

图2-19 系统实施费用估算（附加）

重用程度调整系数	
高	0.33
中	0.67
低	1.00

修改类型调整系数	
新增	1.00
修改	0.80
删除	0.20

预估功能点	
ILF	35.00
EIF	15.00
EI	0.00
EO	0.00
EQ	0.00

估算功能点	
ILF	10.00
EIF	7.00
EI	4.00
EO	5.00
EQ	4.00

估算方法	场景描述	规模变更调整因子
预估功能点法	新开发(数据功能和事务功能全部为新建)	1.39
估算功能点法	在已有应用系统基础上做功能升级或修改	1.21
	采用已有的数据功能完成新应用的开发	1.21
	新开发(数据功能和事务功能描述非常详细)	1.21
调整因子	判断标准	调整因子
分布式处理	没有明示对分布式处理的需求事项	−1.0
	通过网络进行客户端/服务器及网络基础应用分布处理和传输	0.0
	通过特别的设计保证在多个服务器及处理器上同时相互执行应用中的处理功能	1.0
性能	没有明示对性能的特别需求事项或仅需提供基本性能	−1.0
	应答时间或处理率对高峰时间或所有业务时间来说都很重要，存在对连动系统结束处理时间的限制	0.0
	为满足性能需求事项，要求设计阶段开始进行性能分析，或在设计、开发阶段使用分析工具	1.0
可靠性	没有明示对可靠性的特别需求事项或仅需提供基本的可靠性	−1.0
	发生故障时带来较多不便或经济损失	0.0
	发生故障时造成重大经济损失或有生命危害	1.0
多重站点	在相同的硬件或软件环境下运行	−1.0
	在设计阶段需要考虑不同站点的相似硬件或软件环境下运行需求	0.0
	在设计阶段需要考虑不同站点的不同硬件或软件环境下运行需求	1.0

开发因素调整因子	开发语言	调整因子
	C及其他同级别语言/平台	1.5
	Java、C++、C#及其他同级别语言/平台	1.0
	PowerBuilder、 ASP及其他同级别语言/平台	0.6
	开发团队背景	调整因子
	为本行业开发过类似的软件	0.8
	为其他行业开发过类似的软件，或为本行业开发过不同但相关的软件	1.0
	没有同类软件及本行业相关软件开发背景	1.2

软件开发工作量分布(2020年行业基准数据)				
需求分析	系统设计	构建/编码	测试	实施
12.56%	13.32%	41.10%	22.56%	10.46%

图 2-20 调整因子

序号	一级任务名称	二级任务名称	三级任务名称	工作说明	工作量/(人·天)	单价/[万元/(人·天)]	小计/万元	审核工作量/(人·天)	审核小计/万元
1	设计	设计	设计	设计	20	0.25	5.00		0.00
2							0.00		0.00
3							0.00		0.00
4							0.00		0.00
5							0.00		0.00
6							0.00		0.00
7							0.00		0.00
8							0.00		0.00
9							0.00		0.00
10							0.00		0.00
11							0.00		0.00
12							0.00		0.00
13							0.00		0.00
14							0.00		0.00
15							0.00		0.00
16							0.00		0.00
17							0.00		0.00
18							0.00		0.00
合计					20		5.00	0	0.00

图 2-21 咨询设计费用

序号	一级任务名称	二级任务名称	三级任务名称	工作说明	工作量/(人·天)	单价/[万元/(人·天)]	小计/万元	审核工作量/(人·天)	审核小计/万元
1	运营	运营	运营	运营	10	0.15	1.50		0.00
2							0.00		0.00
3							0.00		0.00
4							0.00		0.00
5							0.00		0.00
6							0.00		0.00
7							0.00		0.00
8							0.00		0.00
9							0.00		0.00
10							0.00		0.00
11							0.00		0.00
12							0.00		0.00
13							0.00		0.00
14							0.00		0.00
合计					10		1.50	0	0.00

注1：应用上云工作量基数为每系统28人·天。

注2：系统性能优化工作量要根据实际工作内容拆分后进行估算。

图2-22 业务运营费

序号	一级任务名称	二级任务名称	三级任务名称	工作内容描述	工作量/(人·天)	单价/[万元/(人·天)]	小计/万元	审核工作量/(人·天)	审核小计/万元	备　注
1							0.00		0.00	
2							0.00		0.00	
3							0.00		0.00	
4							0.00		0.00	
5							0.00		0.00	
6							0.00		0.00	
7							0.00		0.00	
8							0.00		0.00	
9							0.00		0.00	
10							0.00		0.00	
11							0.00		0.00	
12							0.00		0.00	
13							0.00		0.00	
14							0.00		0.00	
合计					0		0.00	—	0.00	

注1：人天单价根据工作任务不同，选择不同的单价，其中数据标准化、盘点、目录构建、质量治理等1800元/(人·天)；数据接入、上传单价为1500元/(人·天)。

注2：数据产品（应用）研发及实施，采用开发实施类项目费用估算方法和模板。

图2-23　数据工程费

软件产品购置费										
序号	软件类别	配置说明	单位	数量	单价/万元	小计/万元	审核数量	审核单价/万元	审核小计/万元	备　注
1	软件类别	软件	1	2	1.00	2.00			0.00	
2						0.00			0.00	
3						0.00			0.00	
4						0.00			0.00	
5						0.00			0.00	
6						0.00			0.00	
7						0.00			0.00	
合计/万元						2.00	—	—	0.00	
硬件产品（含辅助材料）购置费										
序号	硬件名称	配置说明	单位	数量	单价/万元	小计/万元	审核数量	审核单价/万元	审核小计/万元	备　注
1	硬件名称	12	2	2	3	6.00			0.00	
2						0.00			0.00	
3						0.00			0.00	
4						0.00			0.00	
5						0.00			0.00	
6						0.00			0.00	
7						0.00			0.00	
合计/万元						6.00	—	—	0.00	

图 2-24　软硬件设备购置费用

建设类项目费用明细													
序号	费用类别	任务类型	名称	型号	参数	单位	数量	单价/万元	小计/万元	审核数量	审核单价/万元	审核小计/万元	备注
1		机房建设工程	—	—	—	—	2	2.00	4.00			0.00	参照电力技术改造工程概算定额体系执行
2	建设建安工程费	试验环境建筑工程	—	—	—	—	2	2.00	4.00			0.00	参照电力技术改造工程概算定额体系执行
3		安装	—	—	—	—	2	2.00	4.00			0.00	参照电力技术改造工程概算定额体系执行
序号	费用类别	任务类型	工作说明				总金额	费率/%	小计/万元	审核总金额	审核费率/%	审核小计/万元	
1		项目建设管理费							0.00			0.00	招标费和监理费
2	其他费用	项目建设技术服务费							0.00			0.00	
3		按需计列的其他费用							0.00			0.00	
合计/万元									0.00	—	—	0.00	

图 2-25 建设类项目费用

序号	费用类别	任务类型	工作说明	总金额	费率/%	小计/万元	审核总金额	审核费率/%	审核小计/万元
1	其他费用	项目建设技术服务费				0.00			0.00
2		项目建设管理费				0.00			0.00
3		第三方测试费				0.00			0.00
合计/万元						0.00	——		0.00

图 2-26　其他费用

2.6　软件费用估算过程

2.6.1　规模估算方法简介

软件规模的度量单位是功能点，估算软件规模的方法也称为功能点方法，该方法从用户角度即业务视角度量软件规模，将系统分为数据功能和事务功能两大类。数据功能是指满足应用系统内部和外部数据需求的功能，是供更新、引用和检索而存储的逻辑数据，包括应用系统所涉及的业务数据或业务规则。从功能项的类型上，数据功能包括内部逻辑文件（ILF）和外部逻辑文件（ELF）。事务功能也称基本过程，是应用系统提供给用户的处理数据的功能，包括外部输入（EI）、外部输出（EO）和外部查询（EQ）。

在做规模估算时采用了荷兰软件度量协会研制的 NESMA 方法，该方法已经纳入了国际标准，标准编号为 ISO/IEC24570。结合国内功能点方法应用的大量实践，我们在估算软件规模时采用了该标准中规定的预估功能点和估算功能点两种方法。根据软件功能项描述，识别功能点计数项和计数类型，不同的估算方法对应的计数类型（ILF/ELF/EI/EO/EQ）的功能点权重不同，见表 2-8。

表 2-8 计数类别的权重

估算方法	方法一：预估功能点		方法二：估算功能点				
功能点计数项计数类型	ILF	ELF	ILF	ELF	EI	EO	EQ
对应功能点权重	35	15	10	7	4	5	4

2.6.2 确定估算方法

根据应用系统的估算场景选择估算方法，对于新开发类的软件项目，估算规模时采用预估功能点方法；对于升级类的软件项目，估算规模时采用估算功能点方法。对于新开发项目，如果基本的操作过程都描述的非常完整，也可以采用估算功能点方法。规模估算时选择估算方法的原则，参见本书预算编制要求。

2.6.3 识别系统边界

边界确定的原则是以待估算的应用系统本身为基准，所有与该系统交互的业务处理都应单独进行识别。本系统的基本过程如果调用外部软件系统的数据，要识别为外部逻辑文件 ELF；本系统向其他系统推送信息的过程，可识别为 EQ。

2.6.4 识别功能点计数项

2.6.4.1 功能点计数项分类

功能点计数项类别分为数据功能和事务功能两类，如图 2-27 所示。数据功能是指应用系统提供给用户的，满足内部和外部数据需求的功能，包括内部逻辑文件（ILF）和外部逻辑文件（ELF）；事务功能包括外部输入（EI）、外部输出（EO）、外部查询（EQ）。

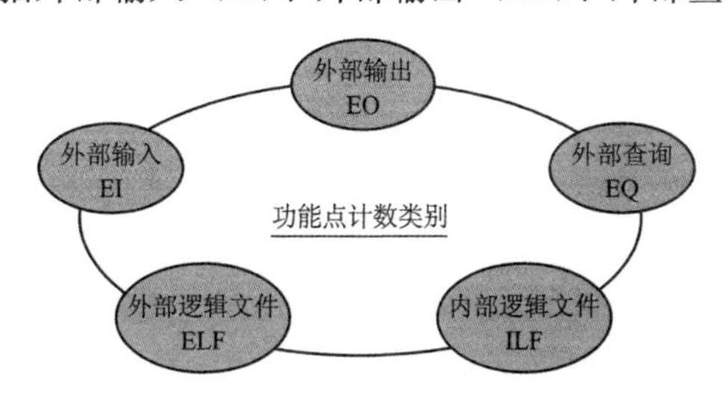

图 2-27 功能点计数类别

（1）内部逻辑文件（ILF）是指在应用系统内部维护的、用户可识别的逻辑相关的数据块或控制信息，即本系统管理或使用哪些业务数据（业务操作对象）或业务规则，如“客户信息”“账户交易记录”预警规则信息等。内部逻辑文件或外部逻辑文件所指的“文件”不是传统数据物理意义上的物理文件，而是指一组户可识别的、逻辑上相互关联的数据或者控制信息。因此，这些文件和物理上的数据集合（如数据库表）没有必然的对应关系。

（2）外部逻辑文件（ELF）是指由本系统调用的、在其他系统维护的、用户可识别的逻辑相关的数据块或控制信息。

（3）事务功能（EI/EO/EQ）是系统提供给用户的处理数据的功能，即本系统如何处理和使用哪些业务数据（业务对象）或业务规则，事务功能又称为基本过程，是用户可识别的，业务上的一组原始操作，可能由多个处理步骤构成。如“新增账号”“查询交易记录”“修改黑名单生成规则”“增加预警规则”等，就是基本过程。但是，如果“修改客户信息”这个基本过程包含“信息校验”“修改确认”“修改结果反馈”等一系列处理步骤，就不能将该过程的多个处理步骤识别为多个基本过程，而是这些步骤综合起来称为一个基本过程。

识别基本过程的一个基本原则是看过程的目的，能够实现用户完整目的的过程才算一个基本过程，期间的多个处理步骤或动作都不能单独识别为基本过程。

2.6.4.2　识别逻辑文件

逻辑文件不是传统数据物理意义上的文件，也不是简单的物理的数据集合，它与需要存储实体信息的物理数据表无必然的对应关系。

逻辑文件就是指应用系统中需要维护或引用的业务数据或业务规则，业务数据就是应用系统要进行操作的对象，如变压器设备信息是应用系统存储变压器设备信息而必须存在的实体，是用户可识别的业务操作对象。当然，并不是每个操作对象都能识别为一个逻辑文件，还要看操作对象（实体）之间的逻辑关系。

识别逻辑文件有两种基本的方法：一种方法是通过实体依赖法判断实体之间是否具有依赖性（实体信息之间是否同时增加、同时删除），即实体B离开实体A后对用户来说有无业务价值；另一种方法是通过实体之间管理和维护方式的逻辑差异上进行识别，如果不同实体之间的管理和维护方式相同，并且可以整合为一个实体对象进行存储管理，那么这些不同的实体要识别为一个逻辑文件，否则就应识别为2个或多个逻辑文件。

业务规则是应用系统处理业务数据时要引用的规则，比如税率规则信息，在人力资源管理系统中需要对工薪信息这个业务对象进行操作，则在计算员工纳税额时，必须要引用税率规则信息才能计算纳税额，那么税率规则信息就是一个业务规则信息，也是引用数据，识别为内部逻辑文件。

一、逻辑文件识别方法

1. 通过实体依赖识别逻辑文件

如果两个实体总是同时增加、同时删除，或删除了实体A后，实体B对用户没有意义，则可判断为1个逻辑文件。

如果2个实体信息有关联，但其中一个实体删除后，另一个实体不能删除，其对用户有独立的业务意义，则该实体为独立的逻辑文件，记为2个逻辑文件。

根据业务处理上的逻辑差异及依赖关系确定逻辑文件。如员工信息包括员工基本信息，以及家属信息、工作简历信息等，根据数据库设计规则，这3个实体需要设计3个物理表，通过员工编号进行关联。员工入职时这些信息都要填写，但员工离职时，这些信息都要删除，因为其对公司无保留的意义和价值，因此这3个实体信息应识别为1个逻辑文件。我们在识别逻辑文件数量时，不能看到有一个物理数据表就认为是一个逻辑文件，关键还要看实体之间的逻辑关系，可以从实体之间的依赖性上去判断。

一般情况下，实体之间是典型的一对一关系，或一对多的关系，如果一个实体依赖于另一个实体而存在，则识别为 1 个逻辑文件。如果实体之间为多对一的关系，可认为这 2 个实体之间是没有依赖关系的，则这 2 个实体就识别为 2 个逻辑文件。

【情景 1】 如果实体 B 离开关联到它的实体 A 后，对业务没有意义，则实体 B 依赖于 A。

员工信息示例图（1）如图 2－28 所示。

员工基本信息

员工编号	姓名	性别	出生日期	籍贯	学历	部门编号	……
HR001	刘军	男	1980/1/1	河北	本科	10	……
HR002	张超	……	……	……	……	10	……
……	……	……	……	……	……	……	……
……	……	……	……	……	……	……	……

家属信息

员工编号	家属姓名	性别	出生日期	工作单位	关系	……
HR001	刘洪亮	男	1953/10/17	无	父子	……
HR001	王彩云	女	1956/9/1	无	母子	……
HR002	……	……	……	……	……	……
HR002	……	……	……	……	……	……
……	……	……	……	……	……	……

图 2－28　员工信息示例图（1）

【情景 2】 如果实体 B 离开关联到它的实体 A 后，对业务仍然有意义，则实体 B 独立于实体 A。

如某个员工离职后，可以将员工基本信息删除，但是领导信息不能删除，因为其他业务实体（其他员工信息）仍然与该部门领导信息有关联。

情景 2 中的员工基本信息和领导信息，可识别为 2 个逻辑文件，实体有关联但无依赖关系，如图 2－29 所示。

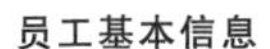

员工基本信息

员工编号	姓名	性别	出生日期	籍贯	学历	部门编号	……
HR001	刘军	男	1980/1/1	河北	本科	10	……
HR002	张超	……	……	……	……	10	……
……	……	……	……	……	……	……	……
……	……	……	……	……	……	……	……

领导信息

部门编号	部门名称	部门领导	分管领导
10	研发 1 部	张璐	王峰
20	研发 2 部	李佳一	张方
30	项目管理部	刘学	赵楠
40	技术支持部	李晓艺	石明

图 2-29　员工信息示例图（2）

2. 根据逻辑差异识别逻辑文件

逻辑差异的含义如下：

（1）用户可以感知实体用途的明显不同。

（2）通常对实体有不同的使用、维护方式。

（3）关键是可以形成独立的管理/应用闭环。

【例 1】 银行个人客户信息和对公客户信息，对这两类信息有如下描述。

在银行客户信息管理模块中，需要对银行个人客户信息和对公客户信息进行管理。其中：

个人客户基本信息包括客户编号、姓名、性别、住址、身份证号、开户类型、联系方式等，账户信息包括客户编号、开户日期、开户网点、交易日期、交易类型、交易金额等。

对公客户基本信息包括客户编号、机构名称、信用代码、批准机关、注册地址、经营地址、联系人、联系方式等，账户信息包括客户编号、开户日期、开户网点、开户许可编号、批准机关等。

可以看出，个人客户信息和对公客户信息这 2 个实体，实体的属性明显不同，并且这两个实体之间无依赖关系，对银行来说，对这 2 个实体分别有不同的管理方式和维护方式，分别形成不同的操作闭环。对于客户信息管理模块，“个人客户信息”和“公司客户信息”虽然物理特征类似，但这两类信息有完全不同的业务用途，可识别为不同的逻辑文件。

因此，要将个人客户信息和对公客户信息分别识别为 1 个逻辑文件，一共 2 个内部逻辑文件。

【例 2】 对合作方贷后管理中的“合作方额度冻结审批信息”进行管理，合作方包括开发商、汽车经销商、担保公司等单位，系统可以分别对“开发商额度冻结审批信息”“汽车经销商额度冻结审批信息”与“担保公司额度冻结审批信息”进行管理，包括进行冻结申请、冻结审批、查询冻结信息、解冻结等操作。

从以上描述中可以判断，虽然“开发商额度冻结审批信息”“汽车经销商额度冻结审批信息”与“担保公司额度冻结审批信息”的信息内容有所差异，但其流程和用途基本一致，对这些合作方冻结审批信息的管理方式没有差别，因此不识别为不同的逻辑文件。再者，这些合作方的额度冻结审批信息，可以统一通过一个文件进行存储，字段属性相同，因此识别为 1 个逻辑文件。

如果需求描述中列出了“合作方额度冻结审批信息”的属性，如单位名称、单位地址、联系人、申请状态、申请人、审批状态、审批人、解冻状态、冻结时间、解冻时间等，并且该文件中包括的实体（开发商、汽车经销商、担保公司）的属性都相同，则可直接将“合作方额度冻结审批信息”识别为 1 个逻辑文件。

二、引用数据（规则数据）

1. 定义

引用数据是用来支持维护业务数据的业务规则而存储的数

据，是用户用于维护业务数据的业务规则。

2. 逻辑特征

(1) 对于用户功能域的操作是强制性的。

(2) 用户可识别的（业务用户）。

(3) 通常用户可维护（管理员用户）。

(4) 通常应用第一次安装时建立，间断维护。

(5) 存储支持核心用户活动的数据。

(6) 处理业务数据的事务常常需要访问引用数据。

3. 物理特性

(1) 有关键字段和很少的特性。

(2) 通常至少有一个记录或有限数量的记录。

【例1】 纳税规则数据。

采用超额累进税率计算方法计算应纳税额，存储的是每个工资范围的应纳税率（规则数据），计算公式为缴税额＝全月应纳税所得额×税率－速算扣除数，如图2－30所示。

级数	全年应纳税所得1	全年应纳税所得2	税率	速算扣除数
1	0	36000	0.03	0.00
2	36000	144000	0.10	2520
3	144000	300000	0.20	16920
4	300000	420000	0.25	31920
5	420000	660000	0.30	52920
6	660000	960000	0.35	85920
7	960000		0.45	181920

图2－30 纳税规则示例图

以上纳税规则数据，就是1个引用数据，识别为1个逻辑文件。

【例2】 消费折扣信息［网购平台设置的商品折扣率（业务规则数据）］。

计算实付金额时，系统要根据商品价格减去折扣金额，计算折扣金额时要用到该规则文件，如图 2－31 所示。

消费代码	消费下限	消费上限	折扣率
10	0	100	0.00
20	100	200	0.15
30	200	500	0.17
40	500	1000	0.20
50	1000		0.25

图 2－31 消费折扣信息示例图

以上折扣规则信息就是 1 个引用数据，识别为一个逻辑文件。

三、其他规则

1. 逻辑文件识别的相关规则

（1）用户可理解，对其操作是业务需求。

（2）业务操作维护的是有关联的业务数据。

（3）ILF 指系统内部逻辑上的一组数据。

（4）对单个 ILF 平均执行 6 种左右的操作，而且一定包含写操作。

（5）任何逻辑文件只计数一次，不能重复计数。

（6）判断逻辑文件的关键是用户是否可以理解或识别，而且对该文件的操作是用户的业务需求。

2. 外部逻辑文件

外部逻辑文件（ELF）是由本系统调用、另一系统维护的、用户可识别的逻辑相关数据组或控制信息。确定该逻辑文件是否在本系统内进行维护，如果是，则记为 ILF；如果本系统仅为调用，而在其他系统维护，则记为 ELF。

任何本系统中的 ELF，都至少是其他某一个系统的 ILF（或 ILF 的一部分）。

逻辑文件调用示意图如图 2－32 所示。

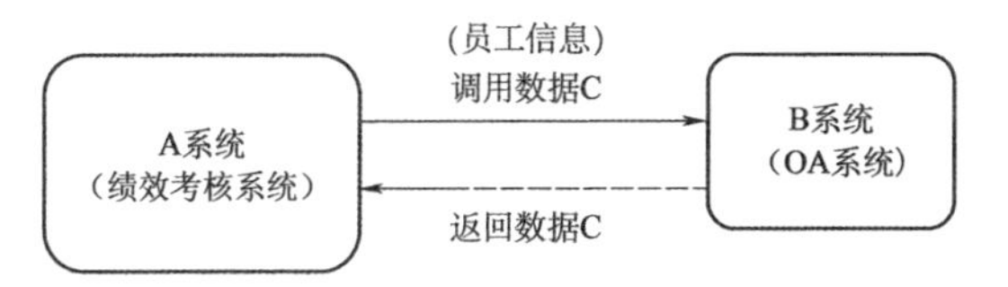

注：对于A系统来说，调用B系统的数据C称为外部逻辑文件（ELF）。

图 2-32 逻辑文件调用示例图

3. 非逻辑文件

一些为了程序处理而维护的数据则属于编码数据，如国家/地区信息表。所有的编码数据均不识别为逻辑文件，与之相关的操作也不识别为基本过程，不计功能点。

为提高性能而创建的索引文件不属于逻辑文件，不计功能点。

2.6.4.3 识别基本过程

基本过程就是对业务对象或业务规则的操作过程，一般情况下对业务对象或业务规则的新增、修改、删除、导入等操作要识别为功能点方法的 EI，对业务对象或业务规则的普通查询操作要识别为 EQ，对业务对象或业务规则进行逻辑加工或计算后进行展示（如出报表）要识别为 EO。如对变压器设备信息的新增、修改、删除等操作，就识别为 EI。一个基本过程是指完成一个完整的操作，识别基本过程主要看过程的目的，达到过程目的所必须有的各个处理步骤或逻辑，都不能识别单独的基本过程，这些处理步骤要统一识别为一个基本过程。例如，新增一个员工信息，在输入信息的过程中会对身份证号进行校验或者保存成功后给用户展示保存成功的提示信息，则这 2 个步骤就不是基本过程，是包含在新增员工信息这个基本过程的步骤，如图 2-33 所示。

事务功能代表提供给用户的处理数据的功能，每一个事务功能都是一个完整的基本过程。一个基本过程应该是业务上的原子操作，并产生基本的业务价值，基本过程必然穿越系统边界。基本过程分为 EI、EO 和 EQ 三类。

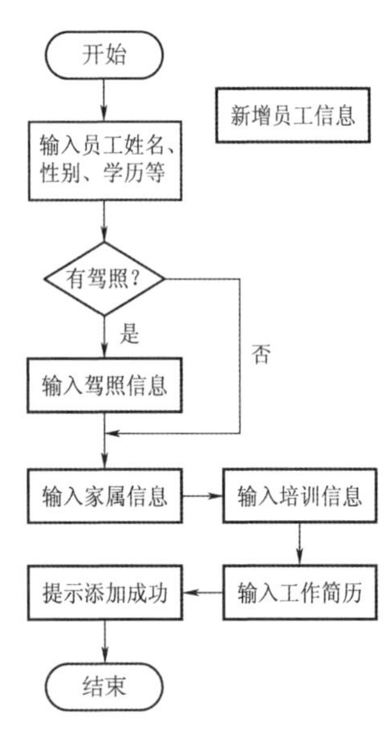

- 基本过程应包含从开始到结束所遇到的所有正常和异常情况。
- 此图只包含一个基本过程。
- 对用户有意义的一件事要处理完成。
- 一个过程的不同处理逻辑或步骤、识别为一个基本过程。

图 2－33　基本过程示例图

边界是指用户与应用系统之间概念上的边界，这里的用户包括系统操作人员、其他应用系统、外设等。

从以下方面理解基本过程的含义：

(1) 用户可以明确感知其业务意义的一次操作，例如对业务数据的增、删、改、查、导入、导出、打印。

(2) 应用处理过程中和业务数据无关的输出信息，不能识别为基本过程。

(3) 何谓“一次”？不是一个动作，而是一个完整的过程。

(4) 产生基本的业务价值，用户可理解或感知。

(5) 是业务上原子操作，对用户有意义的最小活动单元。

(6) 操作后系统进入相对稳定状态。

(7) 基本过程数据一定穿越边界。

(8) 判断过程看用户目的和过程行为。

1. EI 基本识别规则

EI 是处理来自系统边界之外的数据或控制信息的基本处理

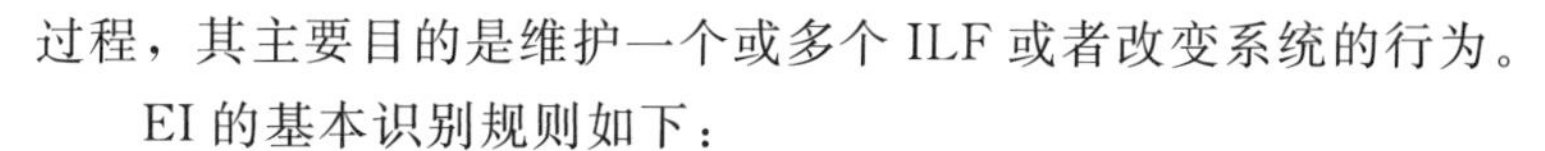

过程，其主要目的是维护一个或多个 ILF 或者改变系统的行为。

EI 的基本识别规则如下：

（1）是来自系统边界之外的输入数据或控制信息。

（2）如果穿过边界而不改变系统行为，那么至少应维护一个 ILF。

（3）确保该 EI 没有被重复计数，即任何被分别计数的两个 EI 至少满足下面三个条件之一（否则被视为同一 EI）：

1）涉及的 ILF 或 ELF 不同；

2）涉及的数据元素不同；

3）处理逻辑不同。

（4）对业务对象的增、删、改、导入等操作通常都是 EI。

虽然 EI 是系统处理来自边界之外的信息，信息是从边界外穿越边界到边界内部，但是 EI 过程也可以包含输出，只不过输出的不是业务数据，而是相关的反馈或提示信息，如“保存成功”“身份证号码录入错误”等信息，如图 2－34 所示。

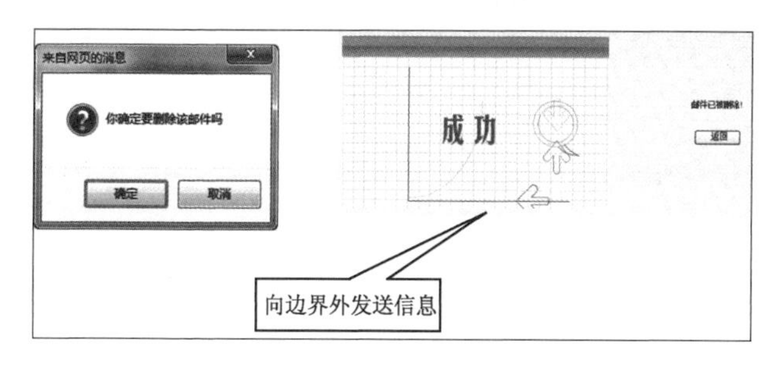

图 2－34　EI 示例图

2. EO 基本识别规则

EO 是向系统边界之外发送数据或控制信息的基本处理过程，其主要目的是向用户呈现经过处理的信息，而不仅仅是在应用中提取数据或控制信息。该处理逻辑必须包含至少一个数学公式或计算过程；或产生派生数据；或修改了逻辑文件；或改变了系统行为。

EO 的基本识别规则如下：

(1) 将数据或控制信息发送出系统边界。

(2) 处理逻辑包含至少一个数学公式或计算过程；或者产生了衍生数据；或者维护了至少一个 ILF；或者改变了系统的行为。

(3) 确保该 EO 没有被重复计数，即任何被分别计数的两个 EO 至少满足下面三个条件之一（否则被视为同一 EO）：

1) 涉及的 ILF 或 ELF 不同。

2) 涉及的数据元素不同。

3) 处理逻辑不同。

常见的 EO 表现形式如下：

1) 对已有数据的统计分析、生成报表通常属于 EO，如图 2－35 所示。

区县	中考人数	560 分人数	560 分占比	550 分人数	550 分占比
东城	5624	531	9%	1297	23%
西城	6659	553	8%	1401	21%
海淀	13734	1031	8%	2672	19%
通州	3963	305	8%	687	17%
石景山	1921	76	4%	223	12%
丰台	3641	136	4%	355	10%

图 2－35　EO示例图

2) 采用图表展示分析后的数据，如图 2－36 所示。

3) 输出业务数据信息并维护逻辑文件。如打印文件并更新 ILF 记录打印信息-维护逻辑文件，如图 2－37 所示。

3. EQ 基本识别规则

EQ 是向系统边界之外发送数据或控制信息的基本处理过程，其主要目的是向用户呈现未经加工的已有信息。其处理逻辑不可以包含数学公式或计算过程，不可以产生派生数据，不可以修改逻辑文件；也不可以改变系统行为，但可以对已有数据进行筛选、分组、排序或等值代换。

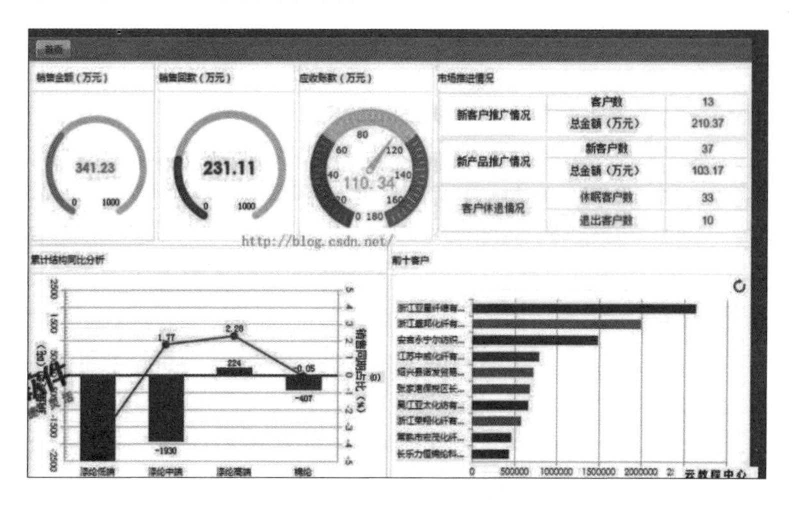

图 2-36　图表展示示意图

文件打印信息

员工账号	用户名	部门	打印日期	文件名称	打印时间	打印张数	……
PR001	lishash	销售部	2019/7/31	file01. doc	14：10：00	25	……
PR002	wangjunhua	商务部	2019/8/1	tempfile. doc	15：10：00	10	……
……	……	……	……	……	……	……	……
……	……	……	……	……	……	……	……
……	……	……	……	……	……	……	……
……	……	……	……	……	……	……	……

图 2-37　文件打印信息示例图

EQ 的基本识别规则如下：

（1）将数据或控制信息发送出系统边界。

（2）处理逻辑可以包含筛选、分组、排序或等值代换。

（3）处理逻辑不可以包含：

1）数学公式或计算过程。

2）产生衍生数据。

3）维护 ILF。

4）改变系统行为。

（4）确保该 EQ 没有被重复计数，即任何被分别计数的两个 EQ 至少满足下面三个条件之一（否则被视为同一 EQ）：

1）涉及的 ILF 或 ELF 不同。

2）涉及的数据元素不同。

3）处理逻辑不同。

对业务数据的查询、已有信息的原样显示通常属于 EQ。

1）显示部门编号为 10 的员工信息，如图 2-38 所示。

员工基本信息

员工编号	姓名	性别	出生日期	籍贯	学历	部门编号	……
HR001	刘军	男	1980/1/1	河北	本科	10	……
HR002	张超	……	……	……	……	10	……
……	……	……	……	……	……	……	……
……	……	……	……	……	……	……	……

图 2-38 员工基本信息示例图

2）差旅报销信息查询，如图 2-39 所示。

查询是一个 EQ，但是导航助手功能，如查询出相关信息后，在列表页采用“上一个”“下一个”“下一页”操作，展示对应的查询数据，不计功能规模。

3）导出业务对象信息。

信息的原样导出属于 EQ，和导出的模板格式类型无关，如导出格式为 Word/Excel/JPG/PNG，都识别为 EQ。

4. EI、EO、EQ 区别

首先应根据基本过程的主要目的，如果该基本过程的主要目的是为了维护内部逻辑文件或改变系统行为，则该基本过程一定

图 2-39　员工差旅报销信息

为 EI。

如果一个基本过程的主要目的是为了向系统边界之外（包括用户或其他系统）发送或呈现信息，则该基本过程为 EO 或 EQ。区分 EO 或 EQ 应根据该基本过程的行为。如果该基本过程包含计算、产生衍生数据、维护内部逻辑文件、改变系统的行为这四种处理逻辑中的任何一种，则该基本过程为 EO，否则为 EQ。

EI、EO、EQ 的区别见表 2-9。

表 2-9　　EI、EO、EQ 的区别

功　能	EI	EO	EQ
改变系统行为	PI	F	N/A
维护一个或多个 ILF	PI	F	N/A
将信息呈现给用户	F	PI	PI

注： PI—事务功能类型的主要目的；F—事务功能类型的功能，可以有但不是主要目的；N/A—不允许的事务功能。

2.6.4.4　计算未调整规模

在"项目名称-投资预算和审核表"的软件规模估算页面，填写完成功能点计数项名称和计数类别后，会自动计算出未调整的功能点数。对于升级类的项目，再根据重用程度、修改类型，计算出初步的软件系统的功能点数，称为未调整的规模。

功能项修改类型包括新增、修改和删除，功能项重用程度包括高、中、低三个等级。

对于修改类型，取值见表 2-10。

表 2-10　修改类型取值

修改类型	取值	修改类型	取值
新增	1.0	删除	0.2
修改	0.8		

对于功能项重用程度，取值见表 2-11。

表 2-11　功能项重用程度取值

功能点重用程度	取值	功能点重用程度	取值
高	1/3	低	3/3
中	2/3		

功能项重用程度可根据实际情况，进行相应调整，主要判断依据为如下：

（1）低。如果数据功能的数据元素改变等于或超过 50%，则重用程度为低；如果基本过程的主要处理逻辑发生变化，则重用程度为低。

（2）高。如果数据功能的数据元素改变等于或低于 20%，则重用程度为高；如果基本过程的主要处理逻辑未发生变化，则重用程度为高。

（3）中。除了前述的低和高的情况，则重用程度为中。

2.6.4.5 计算调整后规模

由于软件需求是根据项目的进展逐步细化的，可认为不同的阶段对需求的认识程度不同，后期变更的可能性也不同。因此，为了使系统开发实施工作量更贴近实际，设置了规模变更调整因子。根据《中国软件行业基准数据》，结合电力企业的实际情况，规定不同场景下的规模变更调整因子取值如下：

调整后规模＝未调整的规模×规模变更调整因子

根据不同的场景和需求的详细程度，选择规模估算方法的原则和调整因子取值，见表 2－12。

表 2－12　规模变更调整因子取值

规模估算方法	应用场景	规模调整因子	调整因子
预估功能点	新开发（数据功能和事务功能全部为新建）	1.39	1.0
估算功能点	在已有应用系统基础上做功能升级或修改	1.21	0.8
	采用已有的数据功能完成新应用的开发	1.21	1.0
	数据功能和事务功能描述非常详细	1.21	1.0

2.6.4.6 计算工作量

对于已进行了规模估算的项目，则采用方程法进行工作量估计。影响工作量的因素有软件因素和开发因素，以及前端应用与中台数据的关系因素，根据公司实际情况，参考行业估算模型，制定了适合本公司项目的工作量调整因子取值。

$$\text{工作量}=\left(\begin{matrix}\text{调整后}\\\text{规模}\end{matrix}\times\text{生产率}\right)\Big/8\times\begin{matrix}\text{软件因素}\\\text{调整因子}\end{matrix}\times\begin{matrix}\text{开发因素}\\\text{调整因子}\end{matrix}\times\text{前端应用与中台数据的关系调整因子}$$

工作量的单位为：人·天。

软件因素调整因子包括应用类型、质量要求等，开发因素调整因子包括开发语言、开发团队背景等。

（1）生产率。生产率（即功能点耗时率，单位：人·时/功能点）采用最新的《中国软件行业基准数据》中能源行业生产率数据中位数，2020 年能源行业生产率中值为 6.90 人·时/功能点。

（2）工作量调整因子。参考《软件工程 软件开发成本度量规范》（GB/T 36964—2018），划分为两类，即软件因素调整因子和开发因素调整因子（技术复杂度调整因子）。同时，根据公司项目的实际情况，增设前端（微）应用与中台数据关系（业务复杂度调整因子为 2.0）调整因子。

软件因素调整因子是根据应用系统的性质、功能和性能要求、分布式处理、可靠性等因素，对开发和实施工作量进行调整。包括应用类型（业务复杂度调整因子为 1.0）和质量因素（工作量调整因子），其中应用类型默认为应用系统是基本业务处理类，取值为 1.0，参数取值可根据项目实际情况在“项目名称-投资预算及审核表”的软件开发类费用页面选择，见表 2-13。

表 2-13 应用类型调整因子取值

应用类型	描 述	调整因子
业务处理	办公自动化系统、日常管理及业务处理用软件等	1.0
应用集成	企业服务总线、应用集成等	1.2
科技/大数据处理	科学计算、仿真、基于复杂算法的统计分析等	1.2
多媒体	多媒体数据处理；地理信息系统；教育和娱乐应用等	1.3
智能信息	自然语言处理、人工智能、专家系统等	1.7
系统	操作系统、数据库系统、集成开发环境、自动化开发/设计工具等	1.7
通信控制	通信协议、仿真、交换机软件、全球定位系统等	1.9
流程控制	生产管理、仪器控制、机器人控制、实时控制、嵌入式软件等	2.0

质量因素调整因子取值参见表 2－14。在“项目名称-投资预算及审核表”的系统开发实施类费用页面中选定对应的调整因子取值。

表 2－14　质量因素调整因子取值

调整因子	判断标准	调整因子
分布式处理（F1）	没有明示对分布式处理的需求事项	－1
	通过网络进行客户端/服务器及网络基础应用分布处理和传输	0
	通过特别的设计保证在多个服务器及处理器上同时相互执行应用中的处理功能	1
性能（F2）	没有明示对性能的特别需求事项或仅需提供基本性能	－1
	应答时间或处理率对高峰时间或所有业务时间来说都很重要，存在对连动系统结束处理时间的限制	0
	为满足性能需求事项，要求设计阶段开始进行性能分析，或在设计、开发阶段使用分析工具	1
可靠性（F3）	没有明示对可靠性的特别需求事项或仅需提供基本的可靠性	－1
	发生故障时带来较多不便或经济损失	0
	发生故障时造成重大经济损失或有生命危害	1
多重站点（F4）	在相同的硬件或软件环境下运行	－1
	在设计阶段需要考虑不同站点的相似硬件或软件环境下运行需求	0
	在设计阶段需要考虑不同站点的不同硬件或软件环境下运行需求	1

注： 各项取值默认为 0，可根据实际情况在预算表中选定相应的选项，质量因素调整因子总体取值计算公式：$FQ=1+0.025\times SUM(F1:F4)$。

开发因素调整因子也是影响软件项目过程工作量的因素之一，包括开发工具和开发团队背景两类调整因子，根据项目实际情况在“项目名称-投资预算及审核表”的软件开发类项目页面中，选定对应的调整因子取值。调整因子取值范围见表2-15。

表2-15 开发因素调整因子取值

	开发语言	调整因子
开发因素 调整因子 （技术复杂度）	C及其他同级别语言/平台	1.5
	JAVA、C++、C#及其他同级别语言/平台	1.0
	PowerBuilder、ASP及其他同级别语言/平台	0.6
	开发团队背景	
	为本行业开发过类似的软件	0.8
	为其他行业开发过类似的软件，或为本行业开发过不同但相关的软件	1.0
	没有同类软件及本行业相关软件开发背景	1.2

前端应用与中台数据的关系调整因子是影响开发工作量的因素之一，部分应用开发项目的前端应用，数据存取直接与中台的API接口进行交互，不用单独进行数据业务逻辑的处理。针对公司中台系统、前端应用系统的建设情况，部分项目采用了微服务方式与中台数据的API进行交互，根据前端应用对中台数据的依赖程度及逻辑处理的工作量，设置了前端应用与中台数据的关系调整因子，在设置调整因子时，可根据项目实际情况确定。具体取值见表2-16。

表2-16 前端应用于中台数据的关系调整因子取值

前端应用与中台数据的关系	调整因子
前端应用全部与业务中台或数据中台API数据接口交互	0.33
前端应用大于50%调用业务中台或数据中台API数据接口交互	0.50
前端应用大于30%调用业务中台或数据中台API数据接口交互	0.67
前端应用进行业务处理时需要重新设计和处理业务逻辑	1.00

（3）软件开发工作量占比、软件开发人天费率。用方程法估算的工作量是包含软件开发工作量和软件实施工作量，由于软件开发费是指完成从需求分析到单元测试完成期间的工作量所需费用，因此，需要参考最新由工信部电子标准化研究院与北京软件造价评估基础创新联盟联合发布的《中国软件行业基准数据》，拆分出软件开发任务工作量占比，再乘以开发人天费率，就计算出了软件开发费。

工作量占比是指软件开发类项目中，软件开发工作量和软件实施工作量在整个应用系统从立项到交付过程中所占比例。其中软件开发工作包括需求分析、系统设计、程序编码（含单元测试），软件实施工作包括软件测试、系统安装部署、用户培训、试运行、配合验收和交付等内容。

根据《中国软件行业基准数据》中发布的工作量占比数据，在整个应用系统从启动到交付过程中，软件开发工作量占比66.98%，软件实施工作量占比33.02%。

采用“项目名称-投资预算及审核表”进行估算时，相关的调整因子可在开发实施类费用页面进行选择，表格中会自动计算工作量数据。

2.6.4.7 计算软件费用

计算软件费用的公式如下：

$$\text{软件开发费}=\begin{matrix}\text{软件总体}\\\text{工作量}\end{matrix}\times\begin{matrix}\text{软件开发}\\\text{工作量占比}\end{matrix}\times\begin{matrix}\text{软件开发}\\\text{人天费率}\end{matrix}$$

$$\text{软件实施费}=\begin{matrix}\text{软件总体}\\\text{工作量}\end{matrix}\times\begin{matrix}\text{软件实施}\\\text{工作量占比}\end{matrix}\times\begin{matrix}\text{软件实施}\\\text{人天费率}\end{matrix}$$

根据电力行业相关文件规定，系统开发类人天费率为2100元/(人·天)，系统实施类人天费率为1500元/(人·天)。

所采用的人天费率数据，会随着电力行业的定额标准调整。

2.6.5 WBS方法分解规则

WBS中包含了完成项目任务所必须包含的工作，可以按交付成果分解（产品导向型WBS），也可以按项目活动分解（活动导向型 WBS)。

在使用 WBS 方法估算项目工作量时，应综合考虑如下要求：

(1) 按照 100%原则逐层分解，将项目任务分解为可以量化管理、易于评估的工作单元，原则上任务拆分不超过三级。第一级将工作按任务分大类，第二级为任务所属模块，第三级为各模块中的细化子模块工作内容；如果任务不能细分到三级细度，则可分为二级。

(2) 以工作过程或工作成果为导向，充分考虑到研究设计范围和对象，按工作过程或工作成果顺序进行逐级分解。

(3) 原则上最底层工作任务工作量不应大于 10 个工作日(1 个工作日=8 小时)。

2.6.6　专家法估算规则

基于专家的评估方法依托领域专家的知识和经验，专家通过对过往项目结构进行综合分析，进行估算。

专家评估法又称“德尔菲法”，用于指导一组个体来对某个问题达成共识。参与者最开始被要求对问题单独进行某种评估，彼此相互不做交流讨论。当收集了第一轮的结果之后，对第一轮结果进行制表和展示，并将结果返回给每一个参与者进行第二轮。在第二轮的过程中，参与者被再度要求对同样的问题进行一次评估，但是这一次，每个参与者都对其他参与者在第一轮进行的评估有所了解和掌握。通过第二轮，通常会对评估结果以分组的方式进行聚焦。

一、特点

(1) 匿名性。参与决策人独立地提交对问题的回答。

(2) 反馈与迭代。经过第一轮，对回答会，使用平均值、标准差等进行总结，这些结果会反馈到参与者手中。参与者根据反馈，参考其他人的意见和回答，对自己的回答进行修正。

(3) 最后的共识。第二轮结果使用统计方法进行再次聚合，对问题给出分组的回答。

二、评估步骤

在信息化建设项目成本评估领域，通常会使用宽带德尔菲法，该方法的估计步骤如下：

（1）为某个特定项目或者某几个项目召开估算会议。项目估算专家团队以3～5人为最佳，如果有更大的团队，可以将团队分成3～5人为一组单独进行估算，最后对这些估算结果进行整合。

（2）向小组描述估算对象。即正在估算项目中的哪个部分，其目标和结果是什么？准备包含哪些类型的资源？使用什么量纲等。

（3）要求专家独立估算。向小组中的每位估算专家足够的时间完成他们的工作（通常是5～20min）。也可以在估算会议之前，要求他们各自独立完成估算。同时也可以要求估算专家记录他们在估算过程中的假设以及主要工作，这些内容主要是用于之后小组讨论。第一轮估算过程中的私密性和匿名性是非常重要的：我们赋予每位估算专家表达他们独立洞见和直觉的权利，而不受小组思考的干扰。

（4）在白板或者电子表格中展现结果，并进行讨论。小组能够看到他们的估算之间的相同和差异之处。要求每个估算专家去解释他们如何进行地估算，包括他们的预设和所总结的结论等。在这个过程中，估算专家可以被小组的其他成员提醒其在估算过程中所遗漏的内容，也可以强制要求他们面对不同的假设。以上都会改进下一轮的估算。

（5）重复步骤（3）和步骤（4）2～3轮。在第一轮过后，去掉匿名性，讨论可能会变短。通常需要2轮来观察估算是否能够融合。一般而言，随着估算专家意识到他们在估算过程中所遗漏的内容，他们的估算将彼此融合。

2.6.7 类比法

类比法是指将本项目的部分属性与类似的一组基准数据进行比对，进而获得待估算项目工作量、工期或成本估算值的方法。

类比法是基于大量历史项目样本数据来确定目标项目的预测值，通常是以 50 百分位数为参考而非平均值。选择类比法进行估算，应根据项目的主要属性，在基准数据库中选择主要属性相同的项目进行比对。

类比法适合评估那些与历史项目在应用领域、系统规模、环境和复杂度方面相似的项目，通过新项目与历史项目的比较得到估计数据。类比法估算结果的精确度取决于历史项目数据的完整性和准确度。因此，用好类比法的前提条件之一是组织建立起较好的项目后评价与分析机制，对历史项目的数据分析是可信赖的。

一、适用范围

当需求极其模糊或不确定时，如果此时有与本项目类似属性（如规模、项目范围、应用类型、业务领域、项目范围等）的一组基准数据，则可直接采用类比法，充分利用基准数据来估算工作量。类比法可以在整个项目级上做基准比对，也可以在子系统级上进行。

二、估算过程

（1）整理出项目功能列表，确定待估算项目部分所具有的“显著特点”，如系统的规模和复杂度、项目范围、应用环境、开发人员的经验和能力等。

（2）检查以前项目的数据库并选择“最相似”的项目数据和文档，取历史基准数据库中对应功能 P50 的工作量数据。

（3）标识出每个功能列表与历史项目的差异。

（4）确定各个差异的修正系数，或工作量的增减，计算待估算项目任务的工作量。

（5）汇总产生新项目工作量估计值。

三、应用示例

为某单位开发应用驾驶舱项目，以支持公司相关业务数据的图形化展示和决策分析，如经营指标、绩效指标、财务指标、风险指标、监管指标等，使用仪表盘技术，综合展示现状及目标完

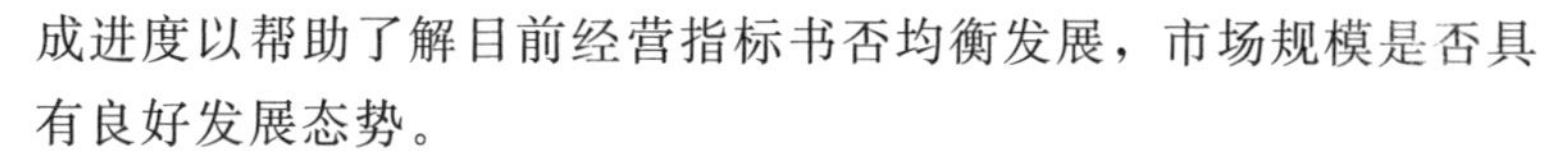

成进度以帮助了解目前经营指标书否均衡发展，市场规模是否具有良好发展态势。

经过对其主要属性识别，经查询企业基准数据库后发现，公司做过15个类似的项目，在应用类型、项目范围和复杂度属性上基本相同。以下是根据历史项目基准数据，采用历史项目的P50基准数据，将待估算项目进行基准比对，并通过相应的修正系数，估算出的新项目的工作量。经过基准比对和调整后，汇总出新项目的估算工作量为175.2人·天。

注意：基准比对后应是一个工作量范围值（P25/P50/P75），实际取值建议采用P50的基准数据进行调整。

2.6.8 类推法

类推法是指将本项目的部分属性与高度类似的一个或几个已完成项目的数据进行比对，适当调整后获得待估算项目工作量、工期或成本估算值的方法。选择类推法进行估算，通常只参照1～2个高度类似的项目，同时根据待估算项目与参照项目的差异，进行适当调整。

一、适用范围

当需求极其模糊或不确定时，较难估算规模，如果此时具有高度类似的历史项目，则可直接采用类推法，充分利用历史项目数据来粗略估算工作量。

适用评估一些与历史项目在应用领域、项目范围、环境和复杂度等方面的相似项目，通过新项目与历史项目的比较进行估计。

该方法估算结果的精确度取决于已完成项目数据的完整性、准确度，以及两个项目之间的相似度。如果没有类似的项目，该方法就不能应用。

二、估算过程

（1）寻找本组织曾经做过的类似的历史项目，整理出该项目的详细数据，如功能列表和实现每个功能的人天数。

（2）对比历史项目，标记差异点，标识出每个功能与历史项目的相同点和不同点。

(3) 估计每个功能的工作量。

(4) 通过步骤 (2) 和步骤 (3) 得出各个功能的工作量估计值。

(5) 汇总产生项目总的工作量估计值。

注意：如果功能需求高度类似，可直接采用功能模块或系统整体的工作量，并根据实际情况进行调整，得出待估算项目的工作量。

三、应用示例

以下项目是基于某公司监管报送产品框架，依据国资委要求的报送制度，做相应的功能定制开发。示例中的甲、乙客户都属于国有企业。

(1) 项目范围描述。采用公司自有产品框架，为乙单位开发一套满足监管数据报送制度的系统。业务系统包括核心业务系统和能效管理系统，监管报送数据从这两个系统中抽取数据，汇总后上报监管部门。

(2) 历史项目情况。公司为甲单位开发过类似的系统，并已上线运行。经过对甲、乙项目的属性分析，两者的应用类型相同，项目复杂度和应用类似，并且在监管报送方面的项目范围相同。参考数据如下：甲单位项目开发总工作量为 75 人·天，其中监管报送部分的工作量为 60 人·天，报表部分的工作量为 15 人·天，在监管报送业务功能的基础上，增加了 3 张行内定制报表。

(3) 需求差异。甲、乙单位业务系统的类型和规模类似，但对功能要求稍有产别，乙单位只需提供满足监管部门的数据上报要求的功能即可，对行内报表没有额外的要求。

基于以上信息，采用类推法估算乙客户项目的工作量为 60 人·天，与甲客户项目监管报送部分的开发工作量相同。

第3章　可研及预算审核方法

在详细介绍了电力企业不同类型信息化项目的可研及预算编制方法的基础上，项目组依据此方法提交可研及预算申请后，相关部门专家组可对提交的可研及预算进行审核。本章针对不同类型的电力信息化项目从审核指标、审核项目、审核内容方面进行分析，提供可研及预算审核方法。

3.1　咨询设计类项目

3.1.1　审核依据

（1）GB/T 36964—2018《软件工程　软件开发成本度量规范》。

（2）《2020中国软件行业基准数据》。

（3）ISO/IEC 24570—2018《软件工程　NESMA功能规模测量方法》。

（4）SJ/T 11619—2016《软件工程　功能规模测量　NESMA方法》。

3.1.2　审核要求

咨询设计类项目审核要求见表3-1。

表3-1　　咨询设计类项目审核要求

序号	审核指标	审核项目	审核内容
1	需求描述是否清晰、完整	可行性研究报告	（1）检查是否采用了正确的文档模板。 （2）检查关键章节（建设内容描述部分）是否按任务层级描述清楚、完整
2	任务拆分是否合适	投资预算及审核表-咨询设计费用页面	（1）是否符合WBS任务分解原则。 （2）任务分解后底层工作任务工作量是否不大于10人·天

续表

序号	审核指标	审核项目	审核内容
3	人天费率填写是否正确	投资预算及审核表-咨询服务费页面	人天费率是否符合公司规定
4	项目投资预算是否合理	财务合规性	项目建设内容与电力行业、系统内单位已建设或已提出的咨询和设计项目是否存在重叠和交叉，重复立项

3.2 系统开发实施类项目

3.2.1 审核依据

（1）GB/T 36964－2018《软件工程　软件开发成本度量规范》。

（2）《2020 中国软件行业基准数据》。

（3）ISO/IEC 24570—2018《软件工程　NESMA 功能规模测量方法》。

（4）SJ/T 11619－2016《软件工程　功能规模测量　NESMA 方法》。

3.2.2 审核要求

系统开发实施类项目审核要求见表 3－2。

表 3－2　系统开发实施类项目审核要求

序号	审核指标	审核项目	审核内容
1	软件需求描述是否清晰、完整	可行性研究报告	（1）检查是否采用了正确的文档模板。 （2）检查关键章节（功能性描述部分）划分是否清晰合理，内容编写是否满足可以清晰识别数据功能和事务功能。 （3）需求描述是否有重复和交叉
2	技术架构是否合理	可行性研究报告	（1）架构设计内容描述是否清楚、完整。 （2）架构设计是否满足电力行业要求

续表

序号	审核指标	审核项目	审核内容
3	选择的评估方法是否合适	投资预算及审核表-软件规模估算页面	(1) 是否根据估算方法的选择要求，选择了合适的规模估算方法。 (2) 新开发项目选择预估功能点方法。 (3) 新开发项目需求非常清晰的情况下也可选择估算功能点方法。 (4) 对于升级改造项目以及采用已有数据功能完成新应用的开发，采用估算功能点法
4	基准数据和调整因子选择是否合适	投资预算及审核表-软件开发类费用页面	(1) 生产率数据的选择是否正确。 (2) 各调整因子的取值是否合理并符合项目实际情况。审核要点包括但不限于： 1) 规模变更调整因子的选择是否与选择的规模估算方法对应。 2) 应用类型调整因子的选择是否符合相应描述。 3) 质量因素调整因子默认取值为1。 4) 前端应用与中台数据的关系调整因子默认是1，是否根据实际情况进行了选择。 5) 本系统对于开发语言是否有明确的要求或限制？如果没有，则相关因子取值应为1；如果有，则检查因子的选择是否与需求一致。 6) 本系统对于开发团队背景是否有明确的要求，团队背景调整因子的取值是否准确。 7) 人天费率填写是否正确
5	规模估算结果计数项是否正确	投资预算及审核表-软件规模估算页面	(1) 各功能点计数项命名是否清晰无歧义。 (2) 有无重复的计数。 (3) 有无明显的计数类型选择错误(比如逻辑文件和基本过程混淆)。 (4) 各功能点计数项的重用程度填写是否有明显的错误

续表

序号	审核指标	审核项目	审核内容
6	开发和实施工作量占比是否正确	投资预算及审核表-开发实施类费用页面	(1) 是否对软件开发和实施工作量进行了区分。 (2) 开发和实施工作量是否遵循行业基准数据的占比
7	项目投资预算是否合理	财务合规性	(1) 项目建设内容与电力行业、系统内单位已建设或已提出的项目功能是否存在重叠和交叉，重复立项。 (2) 是否符合电力行业信息系统一体化建设方向，是否会产生新的数据孤岛。 (3) 项目各环节工作量是否合理，项目开发、实施费用是否超过电力行业统一执行的标准

3.3　业务运营类项目

3.3.1　审核依据

(1) GB/T 36964—2018《软件工程　软件开发成本度量规范》。

(2)《2020 中国软件行业基准数据》。

(3) ISO/IEC 24570—2018《软件工程　NESMA 功能规模测量方法》。

(4) SJ/T 11619—2016《软件工程　功能规模测量　NESMA 方法》。

3.3.2　审核要求

业务运营类项目审核要求见表 3-3。

表 3-3　　业务运营类项目审核要求

序号	审核指标	审核项目	审核内容
1	需求描述是否清晰、完整	可行性研究报告	(1) 检查是否采用了正确的文档模板。 (2) 检查关键章节（建设内容描述部分）是否按任务层级描述清楚、完整

续表

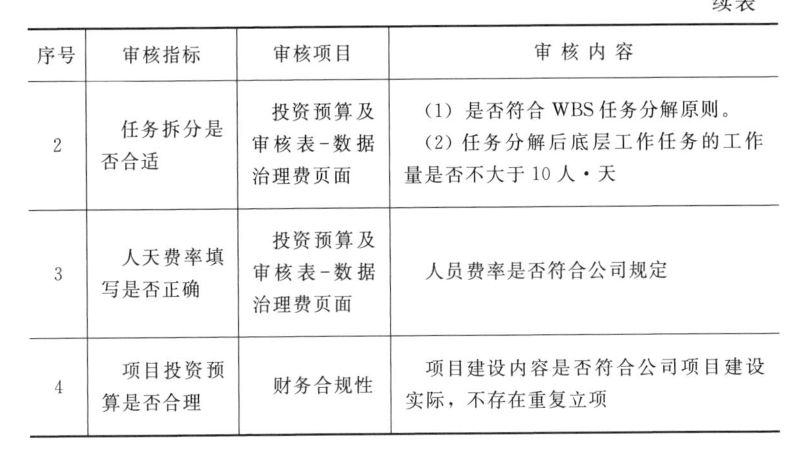

序号	审核指标	审核项目	审核内容
2	任务拆分是否合适	投资预算及审核表-数据治理费页面	(1) 是否符合 WBS 任务分解原则。 (2) 任务分解后底层工作任务的工作量是否不大于 10 人·天
3	人天费率填写是否正确	投资预算及审核表-数据治理费页面	人员费率是否符合公司规定
4	项目投资预算是否合理	财务合规性	项目建设内容是否符合公司项目建设实际，不存在重复立项

3.4 数据工程类项目

3.4.1 审核依据

(1) GB/T 36964—2018《软件工程 软件开发成本度量规范》。

(2)《2020 中国软件行业基准数据》。

(3) ISO/IEC 24570—2018《软件工程 NESMA 功能规模测量方法》。

(4) SJ/T 11619—2016《软件工程 功能规模测量 NESMA 方法》。

3.4.2 审核要求

数据工程类项目审核要求见表 3-4。

表 3-4 数据工程类项目审核要求

序号	审核指标	审核项目	审核内容
1	需求描述是否清晰、完整	可行性研究报告	(1) 检查是否采用了正确的文档模板。 (2) 检查关键章节(建设内容描述部分)是否按任务层级描述清楚、完整

续表

序号	审核指标	审核项目	审核内容
2	任务拆分是否合适	投资预算及审核表-数据治理费页面	（1）是否符合WBS任务分解原则。 （2）任务分解后底层工作任务的工作量是否不大于10人·天
3	人天费率填写是否正确	投资预算及审核表-数据治理费页面	人员费率是否符合公司规定
4	项目投资预算是否合理	财务合规性	项目建设内容是否符合公司项目建设实际，不存在重复立项

3.5　软硬件设备购置类项目

3.5.1　审核依据

（1）GB/T 36964—2018《软件工程　软件开发成本度量规范》。

（2）《2020中国软件行业基准数据》。

（3）电力企业近期招标价格。

3.5.2　审核要求

软硬件设备购置类项目审核要求见表3-5。

表3-5　　　　软硬件设备购置类项目审核要求

序号	审核指标	审核项目	审核内容
1	软硬件设备购置需求是否明确	可行性研究报告	（1）项目立项材料中是否详细说明软硬件购置需求。 （2）国招或省招类项目是否按照相关要求参考历史项目信息定价
2	必须单独立项的项目是否满足要求	可行性研究报告	软硬件产品购置、网络产品购置、安全产品购置、运维产品购置，按电力行业要求需要单独立项

续表

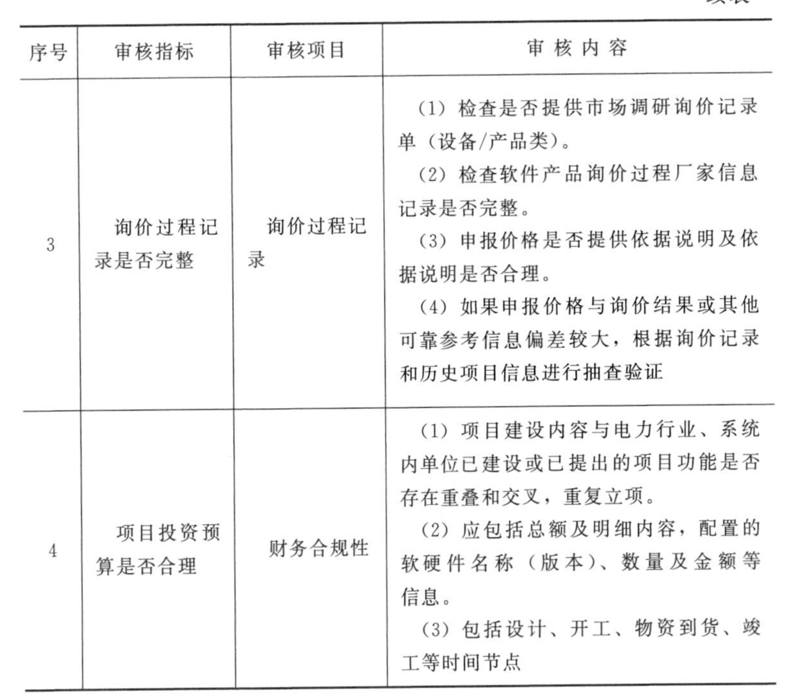

序号	审核指标	审核项目	审核内容
3	询价过程记录是否完整	询价过程记录	（1）检查是否提供市场调研询价记录单（设备/产品类）。 （2）检查软件产品询价过程厂家信息记录是否完整。 （3）申报价格是否提供依据说明及依据说明是否合理。 （4）如果申报价格与询价结果或其他可靠参考信息偏差较大，根据询价记录和历史项目信息进行抽查验证
4	项目投资预算是否合理	财务合规性	（1）项目建设内容与电力行业、系统内单位已建设或已提出的项目功能是否存在重叠和交叉，重复立项。 （2）应包括总额及明细内容，配置的软硬件名称（版本）、数量及金额等信息。 （3）包括设计、开工、物资到货、竣工等时间节点

3.6　建设类项目

3.6.1　审核依据

（1）项目划分执行电力企业相关规定。

（2）定额和取费采用地方工程概算定额。

（3）定额价格水平调整执行各地市现行调整。

（4）材料价格执行各地市现行信息价。

（5）项目可行性研究报告编制费按照《关于进一步放开建设项目专业服务价格的通知》（发改价格〔2015〕299号）文件标准计取。

（6）工程设计费按照《关于进一步放开建设项目专业服务价格的通知》（发改价格〔2015〕299号）文件标准计取。

3.6.2　审核要求

建设类项目审核要求见表3-6。

表3-6　　建设类项目审核要求

序号	审核指标	审核项目	审核内容
1	建设需求是否明确	可行性研究报告	(1)项目可研报告(立项材料)中是否详细说明了机房建设或试验环境建设需求。 (2)检查关键章节(建设内容描述部分)是否按任务层级描述清楚、完整
2	询价过程记录是否完整	询价过程记录	(1)检查是否提供市场调研询价记录单。 (2)检查软件产品询价过程厂家信息记录是否完整
3	实施费用占比是否合适	投资预算及审核表-建设类费用页面	涉及综合布线、机房改造、试验环境建设等实施任务,费用占比按照不超过资产总值的15%测算
4	项目投资预算是否合理	财务合规性	(1)项目建设内容与电力行业、系统内单位已建设或已提出的项目功能是否存在重叠和交叉,重复立项。 (2)应包括总额及明细内容,配置的软硬件名称(版本)、数量及金额等信息。 (3)包括设计、开工、物资到货、竣工等时间节点

第 4 章　信息化项目案例分析

本章通过选取软件开发实施类项目的实际案例，对软件项目的功能需求、预算编制和审核过程进行描述，旨在帮助可研报告编制人员、预算编制和审核人员熟悉信息化项目可研报告中功能需求编制、预算编制和审核的相关要求。

4.1　适用范围

本章适用于软件开发实施类项目可研报告编写人员、预算编制人员、预算审核人员、项目可研内审和评审人员等。

4.2　使用声明

在文档内容的选取和分析过程中，为便于理解功能需求的编写方法、方便测算项目费用，我们对功能需求的部分内容进行了规范化改写或做了增减处理，并针对可研报告中与功能需求无关的内容进行了删减。因此，本章中所选案例的项目范围、费用测算结果并不代表项目的全部真实情况，仅做参考。

4.3　项目案例一

项目名称：某大型企业-智慧后勤平台-开发实施项目。

本案例是属于新开发项目，所有的数据功能和事务功能都全部为新建，采用行业标准的费用估算模型（方程法）估算软件费用，选择预估功能点方法估算软件规模。

4.3.1　建设内容

4.3.1.1　后勤 E 账户

在现有实体卡基础上，引入员工人脸识别及虚拟卡，建设统一后勤 E 账户功能，实现员工“实体卡、虚拟卡、面部信息”

三种身份验证，满足员工门禁、支付、签到等多种快捷身份验证需求。支持人员信息管理、人脸照片管理、身份验证授权管理、电子账户信息管理和实体卡管理等功能，全网统一账户联通，实现跨单位通行及就餐等服务。

本模块主要实现如下功能：

（1）通过 E 账户实现对人员信息的管理。管理员可以配置调整人员入职、离职、借调、调职等状态信息。

（2）对账户可以进行管理。建立统一资金虚拟账户；并可以设置多个子账户，提供账户充值功能，并可以设置不同的充值方式。实现充值策略管理，提供充值策略的添加、修改、删除以及启用/停用功能（如可以设置不同子账户的充值策略）。可以设置不同账户的消费策略，提供消费策略的添加、修改、删除以及启用/停用功能。

（3）实现对卡务的管理。提供卡片的挂失、解挂、停用、注销、延期等申请操作，提供账户流水查询、查询结果统计。

（4）可对账户进行授权管理。提供授权管理、批量授权功能，实现通行、就餐等权限设置，根据权限配置和审批结果，将授权信息资料下发至对应的终端，实现异地通行及异地就餐。

4.3.1.2　智慧安防

结合人脸识别技术建立出入管理功能（门禁、访客、车位）。员工以“便捷”为主，通过“E 账号”三种方式通行；访客以“安全”为主，通过现场自助登记、移动预约、现场办理等方式进行访客业务办理，实现办公场所人员无感通行、进出安全管理、异地办事预约准入。构建基于 AI（人工智能）技术的后勤办公环境综合安全智能防护系统，满足安全管理需求。应用智能图像识别技术、物联网技术，建立来访人员管理及非授权入侵告警，实现办公区域的动态安全监管，第一时间发现、定位异常人员及问题，实现安防事件的全过程追踪、安防设备的互联应用，提高事件响应速度。

本模块主要实现如下功能：

(1) 机构管理。包括组织架构（包括公司、部门、科室等）创建、修改、查询和删除。

(2) 角色授权。对应各部门、科室人员建立相应的角色，设定其操作权限。

(3) 黑白名单管理。实现人员扰乱正常生产秩序、违停车辆等黑名单设置，可实现告警，实时掌握黑名单人员情况。

(4) 对车辆信息进行管理，实行黑白名单管理制度。

(5) 对访客信息进行管理。包括访客预约登记、被访人审批、统计访客信息。被访人登记拜访信息包括访客姓名、电话、身份证号码、访问时间、被访人姓名、被访人电话、拜访目的等信息。来访历史记录支持访客信息及来访记录查询统计，同时可对来访记录进行导出操作。支持按照部门对来访记录次数进行统计。

(6) 对停车场进行管理。包括对进出车辆信息进行管理，查询和统计；对车位信息进行管理，并对数据进行统计；停放管理，提供停放时间超限提示功能，为僵尸车清理提供辅助。

(7) 系统可配置安防策略。完成对安防策略进行管理，提供安保级别策略设置、管理功能，以及管理员自定义策略（如身份证通行权限、二维码通行权限、人脸通行权限等的启用/停用）。

(8) 对出入记录进行管理。实现员工/访客出入记录管理，实现出入记录详情查看，出入记录条件查询；记录导出与打印；陌生人出入记录管理，实现陌生人记录查询、导出、打印；陌生人转访客或员工操作；陌生人相似度对比；陌生人身份确认等功能。

(9) 对告警信息进行管理。实现重点区域告警、设备异常告警等进行管理，并对数据进行统计。

(10) 建立人像库。可对人像库进行管理，人像库的增删改查及批量操作功能，人像库内人员列表查看；对视频信息进行管理，对监控视频可按照设备列表和区域维度进行检索；实现视频巡更，提供电子巡更线路查看功能；系统可以进行实时抓拍，实时抓拍功能能够实时显示摄像机抓拍的人脸图片和实时告警信息列表信息，可抓拍检索。可对人员行走轨迹进行管理，实现行走轨迹绘制和行走轨迹动态展示等功能。

（11）对设备进行管理。如可完成远程开门，通过集成现有门禁系统，实现职工申请并经审批后由管理员远程开门功能。

4.3.1.3 智慧食堂

实现从菜谱制定、原料采购、外卖预定、网上超市、就餐结算、盈亏分析到智慧食堂服务等食堂核心业务的系统支撑，全面提升食堂的管理水平和服务能力。拓展就餐结算方式，通过手机移动支付、人脸识别支付等技术实现就餐快捷结算，改善服务体验。搭建跨区域智慧结算中心，实行区域内异地就餐结算等，解决外出办公、节日值班等领域长期存在的地域瓶颈、管理瓶颈、员工服务瓶颈等问题。

本模块主要实现如下功能：

（1）菜谱制定。包括对菜品类别进行管理；对菜品进行管理，实现菜品的添加、删除、查询、导出、停用、营养成分分析等功能。支持表格导入功能。员工可以对菜品进行评价，对评价情况可以进行分析查询，职工用餐后可进行点评，点评内容包括菜品口味、用餐环境、食堂服务等多个维度；后台可自动汇总点评数据，指导食堂进行改进，形成良性循环，提高食堂优质服务能力。

（2）食堂菜单计划。系统支持自定义餐别设置（如早餐、晚餐等），企业各食堂档口可根据自己的需求灵活设置各餐别的预订开始和截止时间，以及退餐截止时间等参数，方便食堂的预订管理，同时食堂管理员可提前发布一周、当天、某一天的菜谱。并可设置开始预订及截止预订的时间限制。

（3）原料需求计划。可以查询按菜品类别生成不同的原料需求计划。

（4）菜品量价管理。系统支持菜品或者套餐的动态价格设置，规定订餐时间内和订餐时间外可以设置不同的价格，也可根据饭卡类型，设置不同的价格。

(5) 对订餐信息进行管理。员工可以实现线上订餐，系统支持网页订餐方式，方便职工随时随地进行订餐。支持预定管理、线上菜品管理、线上菜品信息及分类管理，可自定义类别，设定预定时限。支持订单管理，可对订单进行快速查询；可根据已下单情况，进行菜品分类统计显示（如多人点了同样一道菜）。支持异地就餐功能，系统支持施工/出差人员在出差地食堂预订工作餐，离最近的食堂就餐，本地市、跨地市出差工作餐需要被审批后才能订餐。支持异地餐食配送，施工、出差、应急等人员在异地可选择最近的食堂申请预订工作餐，并选择配送方式。支持打包服务，在后台配置打包服务时间段，用户可以在时间段内进行打包服务，餐饮服务人员把订单商品放入保温柜。

(6) 计量选餐管理。可进行计量选餐排菜，计量选餐排菜包括餐厅查询、菜品添加、菜品导入导出、下载模板等功能；计量设备管理；计量结算策略；计量结算。智能排菜管理，用户选择需要排餐的食堂，设置本食堂的排餐；根据预设的排餐信息、计算能量、膳食结果、营养健康数据及节日、节气等，给出对应食堂的排餐方案。

(7) 订餐支付时支持在线支付。实现联动员工饭卡虚拟账户直接扣费。订餐成功后，员工可去食堂保温柜取餐。人脸支付提供识别成功和识别异常列表。取餐管理可支持不同方式的取餐方式（如二维码/刷卡/刷脸）。

(8) 实现对客饭的管理。员工发起申请，经部门领导→办公室→后勤部审批后，客饭单下发到食堂，申请人接收就餐二维码（分日期时段/餐别）。

(9) 实现对电子餐票进行管理。后勤管理部门可定期给部门下发电子餐票（给部门专人，餐票信息包括餐票编号、餐别、有效期）。

(10) 食品安全管理。对原料采购信息进行管理，为了食品安全可对菜品溯源。对菜品留样进行管理，根据每日排餐数据，

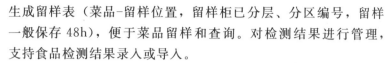

生成留样表（菜品-留样位置，留样柜已分层、分区编号，留样一般保存 48h），便于菜品留样和查询。对检测结果进行管理，支持食品检测结果录入或导入。

（11）采购管理。实现对供应商进行管理，供应商管理包括了供应商的准入、评审，合格供应商遴选，供应商评价、惩罚，以及黑名单的管理，应付账款的管理等，后期可以和企业现有的财务系统进行对接。对采购订单进行管理，系统可查询采购申请单、采购订单、入库单、出库单、调拨单。对库存进行管理，主要是对仓库出入库进行管理，包括入库维护、领料单填报、出库单维护、月结开账、盘点、差异过账等管理。

（12）财务管理。实现就餐结算明细记录，系统可根据职工的消费记录，进行菜品、口味等多维度的偏好分析，以此反算原材料的采购，减少消费较少的原料采购，从而达到精细化管控，员工也可通过手机 APP 查看自身的消费记录。支持成本核算查询，通过菜品销售、自动减库和盘点，分析食堂库存用料与实际用料的差异情况，通过数据分析，找到导致差异的问题所在，制订整改措施，使用料更加准确，减少材料浪费，可以查询大概成本。支持食堂经营成本统计，系统实时查询每日出、入库信息，并核算的每日的营业额，实现分账户统计（现金、餐点）、分不同类别统计（工餐、食堂、客饭、信通的几类），可查询每日就餐量、每日就餐营收等相关信息，全面掌握食堂经营管理信息。

（13）网上超市。支持在线购物，线上下订单，商品存入商品柜；实现货品管理，后台实现商品管理、库存管理、售卖管理维护。

（14）员工健康管理。可对员工提出健康建议，员工可网页实时查询自身的健康分析建议，并且可实时更新自身的体质数据，以便系统给出最合理的用餐建议；员工可实时查询当日的就餐菜品信息、摄入的卡路里、营养成分信息，及参考的营养摄入标准。实现从菜谱制定、原料采购、外卖预定、网上超市、就餐结算、盈亏分析到智慧食堂服务等食堂核心业务的系统支撑，全面提升食堂的管理水平和服务能力。可拓展就餐结算方式，通过手机移动支付、人脸识别支付等技术实现就餐快捷结算，改善服务体验。可搭建跨区域智慧结算中心，实行区域内异地就餐结算等，解决外出办公、节日值班等领域长期存在的地域瓶颈、管理瓶颈、员工服务瓶颈等问题。

4.3.1.4 健康服务

结合历年体检信息，为员工提供健康指导和行为指南，员工可自主选择开展体检报告记录、体检计划、健康评估、健康干预、企业健康建议等功能。通过健康食堂创建，提供员工营养分析及饮食建议等功能。探索引入外部健康资源，满足员工医疗信息咨询等需求。

本模块主要实现如下功能：

（1）信息管理。对内部员工个人基本信息进行管理。

（2）体检计划。根据员工健康状况制定不同的体检计划，员工可定制个人体检计划（体检时间、标准体检项目、或选择体检项目）。

（3）体检报告。可生成员工体检报告，仅限个人可查看。

（4）健康评估。根据体检报告对员工健康状况进行评估。

（5）健康干预。针对评估结果，安排员工到医院进行细致检查，以确保健康状况。

（6）企业健康建议。针对评估结果，提出合理饮食建议。

4.3.1.5 办公服务

实现办公设备、办公用品领用服务等业务的“一站式”服务保障。通过信息化手段对办公设备及用品实现从采购、申请、领用统计分析的管理，提升后勤办公用品管理精细化程度。

本模块的主要实现如下功能：

（1）实现办公用品管理，包括办公用品申请、办公用品领用。

（2）实现办公设备和办公用品的库存管理，并可提供库存量下限等参数设置，根据设置条件，提示库存物品采购建议。

（3）实现对办公用品采购流程的管理。

（4）实现共享工位管理，提供工位的申请、审批和工位使用状态查询功能。

4.3.1.6　公务车管理

改变传统用车方式，建立移动互联网时代下的现代化出行方式，实现公务出行方式便捷多样。出行服务系统融合用车申请、审批、派车和评价功能，形成闭环管理，规范公务出行。同时实现车辆状态管理、车辆事件、消息通知等功能，提升公务车智能化管理水平。

本模块主要实现如下功能：

（1）实现对车辆信息的管理。车辆状态管理提供车辆使用状态配置管理功能（如限号、空闲、在用、维修、封存、预留等）和可用车辆查询功能。

（2）实现对用车情况的管理。提供车辆的使用申请、审批。

（3）实现对车辆事件的管理。对开车去加油、保养、维修等影响车辆使用的事件进行录入，录入后车辆管理人员进行审核。审核通过后的车辆状态发生响应更改，系统可根据车辆状态在调度时进行筛选。实现车辆运维信息的定义和提醒，驾驶员或车辆管理员接收验车提醒、检本提醒、保养提醒、保险和通行证到期提醒等消息，提供自定义提醒功能。

（4）实现车辆出入的管理。实现监测车辆进出情况，可与派单管理联动，与车辆状态关联（如封存车辆），对无单车辆发出异常告警。可针对不同车辆配置是否联动。

（5）实现车辆用车计划的管理，包括节假日用车计划，应急用车计划等的管理等。

4.3.1.7　物业管理

开展统一物业管理，通过工单形式，实现物业人员和服务的数字化管理，实现对秩序维护、工程维修、客服、保洁、绿化等物业各部门人员的可管、可查和可追踪。物业管理主要包括工作分配与监督、工作效率考核、人员出勤与值班管理等方面。

本模块主要实现如下功能：

（1）物业维修。实现对报修信息的管理，根据报修信息生成工单。实现对工单处理过程的全程管理，主管人员接单后进行派单，分配给下面的物业管理人员进行现场处理，物业管理人员处理完成后，进行拍照确认，并填写维修内容。或根据情况，进行延期处理等，将处理情况进行反馈给申请人。

（2）绿化管理。实现对园区绿化信息，对园区空间、绿化信息登记；实现园区植被登记及供应商的管理，对供应商进行登记。

（3）工作安排。实现园区绿化工作安排，对园区灌溉进行管理，制订园区灌溉计划，进行灌溉执行情况分析；对植被种植情况、修剪情况进行登记。

（4）保洁管理。包括保洁区域管理，保洁区域空间设置、登记等管理。

（5）保洁计划管理。包括保洁人员排班、保洁内容等管理，保洁执行情况检查、分析。

（6）保洁工具耗材管理。包括保洁工具耗材类别、数量、使用情况记录统计。

4.3.1.8 统一监测

采用全局化策略，统一设计和规划基于设备运行、人员出入、园区安防、车辆运营、物业报修、食堂餐饮等统一物业活动信息的监控体系。依托基于三维可视化手段的后勤全景组件，面向管理者，提供全面、实时、精要、直观的视图和信息。

4.3.1.9 系统支撑

实现登录、退出、个人资料录入、消息管理、个性资料设置、账户管理、日志管理等功能，作为智慧后勤平台的系统支撑。

本模块主要实现如下功能：

（1）实施系统用户的管理。对用户的资料进行管理，实现用户的登录与退出。

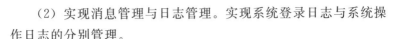

（2）实现消息管理与日志管理。实现系统登录日志与系统操作日志的分别管理。

（3）个性资料设置。可进行投诉建议并查看反馈消息。

4.3.2　预算编制

4.3.2.1　规模估算方法

本项目属于新开发（数据功能和事务功能全部为新建）项目，项目处于可行性研究阶段，需求文档中的相关描述粒度较粗，因此，根据指南中对规模估算方法选择的原则，在进行规模估算时本项目使用预估功能点法来进行项目规模的估算，见表 4－1。

表 4－1　　规模估算方法调整因子取值

规模估算方法	应用场景	规模调整因子	团队背景调整因子
预估功能点	新开发（数据功能和事务功能全部为新建）	1.39	1.0
估算功能点	在已有应用系统基础上做功能升级或修改	1.22	0.8
	采用已有的数据功能完成新应用的开发	1.22	1.0
	新开发（数据功能和事务功能描述非常详细）	1.22	1.0

4.3.2.2　规模估算

采用预估功能点法估算软件项目规模时，只需要识别内部逻辑文件 ILF、外部逻辑文件 ELF 的数量，并且根据对逻辑文件的新增、修改程度，确定功能点计数类别的复用度和修改类型。因此，在对需求功能进行描述时，需要明确描述业务功能需求，如果业务功能需求描述不清，在功能点计数项中就无法/不能进行识别。

根据对逻辑文件的描述，结合计算未调整的规模的规则，选定计数类别的重用度和修改类型。

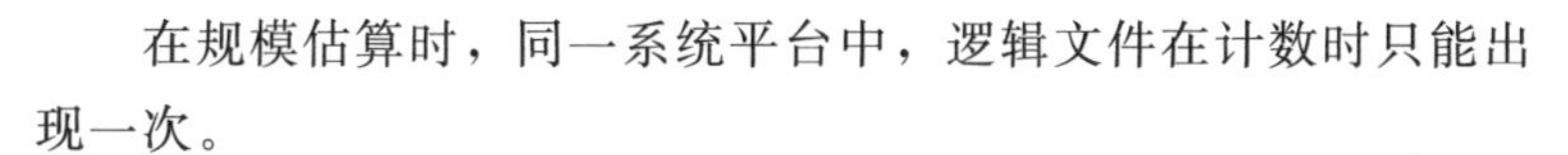

在规模估算时，同一系统平台中，逻辑文件在计数时只能出现一次。

估算规模时，在模板“项目名称-投资预算及审核表”的软件规模估算页面填写相应内容。

根据建设内容中的功能需求描述，识别出的功能点计数项/类别和功能点数，以及汇总的功能规模（功能点数）。

对需求进行规模估算的结果见表4－2。

表4－2　估算结果

编号	子系统	一级模块	二级模块	三级模块	功能点计数项名称	类别	UFP	重用程度	修改类型	US
1	智慧后勤平台	后勤E账户			人员信息	ILF	35	低	新增	35.00
2					账户信息	ILF	35	低	新增	35.00
3					账户充值策略信息	ILF	35	低	新增	35.00
4					卡务信息	ILF	35	低	新增	35.00
5					授权信息	ILF	35	低	新增	35.00
6		智慧安防			机构信息	ILF	35	低	新增	35.00
7					角色信息	ILF	35	低	新增	35.00
8					黑白名单信息	ILF	35	低	新增	35.00
9					访客信息	ILF	35	低	新增	35.00
10					来访记录信息	ILF	35	低	新增	35.00
11					停车场信息	ILF	35	低	新增	35.00
12					车位信息	ILF	35	低	新增	35.00

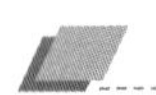

续表

编号	子系统	一级模块	二级模块	三级模块	功能点计数项名称	类别	UFP	重用程度	修改类型	US
13					车辆信息	ILF	35	低	新增	35.00
14					安防策略信息	ILF	35	低	新增	35.00
15					出入记录信息	ILF	35	低	新增	35.00
16					告警信息	ILF	35	低	新增	35.00
17					人员行走轨迹信息	ILF	35	低	新增	35.00
18					人像库信息	ILF	35	低	新增	35.00
19					视频信息	ILF	35	低	新增	35.00
20					视频巡更信息	ILF	35	低	新增	35.00
21					设备信息	ILF	35	低	新增	35.00
22		智慧食堂			菜品信息	ILF	35	低	新增	35.00
23					食堂菜单计划信息	ILF	35	低	新增	35.00
24					原料需求计划信息	ILF	35	低	新增	35.00
25					菜品量价信息	ILF	35	低	新增	35.00
26					订餐信息	ILF	35	低	新增	35.00
27					异地餐食配送信息	ILF	35	低	新增	35.00
28					计量选餐排菜信息	ILF	35	低	新增	35.00

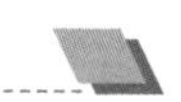

续表

编号	子系统	一级模块	二级模块	三级模块	功能点计数项名称	类别	UFP	重用程度	修改类型	US
29					计量设备信息	ILF	35	低	新增	35.00
30					支付信息	ILF	35	低	新增	35.00
31					客饭信息	ILF	35	低	新增	35.00
32					电子餐票信息	ILF	35	低	新增	35.00
33					取餐信息	ILF	35	低	新增	35.00
34					原料采购信息	ILF	35	低	新增	35.00
35					菜品留样信息	ILF	35	低	新增	35.00
36					供应商信息	ILF	35	低	新增	35.00
37					入库单信息	ILF	35	低	新增	35.00
38					出库单信息	ILF	35	低	新增	35.00
39					调拨单信息	ILF	35	低	新增	35.00
40					库存信息	ILF	35	低	新增	35.00
41		网上超市			商品信息	ILF	35	低	新增	35.00
42					商品库存信息	ILF	35	低	新增	35.00
43					商品售卖信息	ILF	35	低	新增	35.00
44		员工健康			健康建议信息	ILF	35	低	新增	35.00
45		健康服务			内部员工个人基本信息	ILF	35	低	新增	35.00

续表

编号	子系统	一级模块	二级模块	三级模块	功能点计数项名称	类别	UFP	重用程度	修改类型	US
46					体检计划信息	ILF	35	低	新增	35.00
47					体检报告信息	ILF	35	低	新增	35.00
48					健康评估信息	ILF	35	低	新增	35.00
49					企业健康建议	ILF	35	低	新增	35.00
50		办公服务			办公设备和办公用品信息	ILF	35	低	新增	35.00
51					办公设备和办公用品库存信息	ILF	35	低	新增	35.00
52					办公用品采购信息	ILF	35	低	新增	35.00
53					工位信息	ILF	35	低	新增	35.00
54		公务车管理			用车情况信息	ILF	35	低	新增	35.00
55					车辆事件信息	ILF	35	低	新增	35.00
56					车辆出入管理信息	ILF	35	低	新增	35.00
57					车辆用车计划信息	ILF	35	低	新增	35.00
58					驾驶员信息	ILF	35	低	新增	35.00

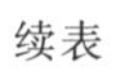

续表

编号	子系统	一级模块	二级模块	三级模块	功能点计数项名称	类别	UFP	重用程度	修改类型	US
59		物业管理	物业维修		报修信息	ILF	35	低	新增	35.00
60					工单信息	ILF	35	低	新增	35.00
61					维修信息	ILF	35	低	新增	35.00
62			绿化管理		园区空间信息	ILF	35	低	新增	35.00
63					园区植被信息	ILF	35	低	新增	35.00
64					绿化供应商信息	ILF	35	低	新增	35.00
65					绿化工作计划信息	ILF	35	低	新增	35.00
66					绿化工作执行情况信息	ILF	35	低	新增	35.00
67			保洁管理		保洁区域信息	ILF	35	低	新增	35.00
68					保洁计划信息	ILF	35	低	新增	35.00
69					保洁人员排班信息	ILF	35	低	新增	35.00
70					保洁执行情况信息	ILF	35	低	新增	35.00
71					保洁工具耗材信息	ILF	35	低	新增	35.00
72			系统支撑		用户信息	ILF	35	低	新增	35.00

续表

编号	子系统	一级模块	二级模块	三级模块	功能点计数项名称	类别	UFP	重用程度	修改类型	US
73					日志信息	ILF	35	低	新增	35.00
74					投诉建议	ILF	35	低	新增	35.00
合计							2590			2590

注： 本项目规模估计估算使用预估功能点方法，统一监测部分相应功能需求属于基本过程，已包含在其他对应功能模块中。

4.3.2.3 调整因子选择

一、规模调整因子

根据选择的规模估算方法，以及估算场景和项目为新开发（数据功能和事务功能全部为新建）项目的情况，本项目的规模变更调整因子取值为 1.39。

二、质量因素调整因子

分为分布式处理、性能、可靠性和多重站点，默认具有较高的质量特性，调整因子均为 0，该项综合值为 1.0。

计算公式如下：

$$V=1+0.025\times\sum \text{各子项因子取值}$$

三、开发语言调整因子

该项目开发语言为 Java、C++、C# 及其他同级别语言/平台，调整因子为 1.0。

四、开发团队背景调整因子

由于本项目“为其他行业开发过类似的软件，或为本行业开发过不同但相关的软件”的场景，该调整因子为 1.0。

五、前端应用与中台数据的关系调整因子

本项目默认业务数据的处理逻辑需要重新设计开发，调整因子为 1.0。

六、应用类型

本项目的应用类型（业务复杂度）属于普通业务处理，调整因子为1.0。

相关调整因子如图4-1所示。

<table>
<tr><td colspan="3">相关因素</td><td>调整因子</td></tr>
<tr><td colspan="2">规模变更调整因子</td><td>新开发（数据功能和事务功能全部为新建）</td><td>1.39</td></tr>
<tr><td rowspan="4">质量因素（工作量调整因子）</td><td>分布式处理</td><td>通过网络进行客户端/服务器及网络基础应用分布处理和传输</td><td>0.00</td></tr>
<tr><td>性能</td><td>应答时间或处理率对高峰时间或所有业务时间来说都很重要，存在对连动系统结束处理时间的限制</td><td>0.00</td></tr>
<tr><td>可靠性</td><td>发生故障时带来较多不便或经济损失</td><td>0.00</td></tr>
<tr><td>多重站点</td><td>在设计阶段需要考虑不同站点的相似硬件或软件环境下运行需求</td><td>0.00</td></tr>
<tr><td colspan="2">开发语言（技术复杂度调整因子）</td><td>Java、C++、C#及其他同级别语言/平台</td><td>1.00</td></tr>
<tr><td colspan="2">开发团队背景（技术复杂度调整因子）</td><td>为其他行业开发过类似的软件，或为本行业开发过不同但相关的软件</td><td>1.00</td></tr>
<tr><td colspan="2">前端应用与中台数据的关系（业务复杂度）</td><td>前端应用过程进行业务处理时需要重新设计和处理业务逻辑</td><td>1.00</td></tr>
<tr><td colspan="2">应用类型（业务复杂度）</td><td>普通业务处理</td><td>1.00</td></tr>
</table>

图4-1 调整因子取值

根据方程法估算的计算公式如下：

调整后工作量=(调整后规模×生产率)/8×软件因素调整因子×开发因素调整因子×前端应用与中台数据的关系调整因子

其中：工作量的单位为人·天。

软件因素调整因子包括应用类型、质量要求等，开发因素包括开发语言、开发团队背景等。

依据行业费用估算模型设计的预算表“项目名称-投资预算

及审核表”，在开发实施类费用页面中选择相应的调整因子后，会自动计算出总体工作量。

软件开发实施类项目工作分为系统开发和系统实施两种类别。根据《中国软件行业基准数据》中软件过程工作量占比，将总体工作量分为系统开发工作量和系统实施工作量。

调整相关因子和录入生产率数据后，可得到工作量的估算值，结果如图4-2所示。

软件造价预算与审定结果		预算结果	备　注
规模估算结果/(功能点)		2590.00	功能点数
规模变更调整因子取值		1.39	根据项目阶段或项目属性取值
调整后规模/(功能点)		3600.10	
基准生产率/[(人·时)/功能点]		6.76	能源行业生产率中位数
未调整工作量（人·天）		3042.08	
调整因子	与中台数据的关系	1.00	前端应用与中台数据的逻辑关系
	应用类型	1.00	根据应用系统实际类型职值
	质量特性	1.00	无特别限定
	开发语言	1.00	无特别限定
	开发团队背景	1.00	无特别限定
调整后工作量/(人·天)		3042.08	

图4-2　工作量估算值

4.3.2.4　费用估算

根据工作量的计算结果，估算软件开发实施项目费用时，只需乘以对应的人天费率即可计算出系统开发和系统实施类工作的费用。系统开发类人员的费率以2100元/(人·天）计，系统实施类人员的费率以1500元/(人·天）计，计算得出本项目的总体费用，软件开发实施类费用计算结果如图4-3所示。

调整后工作量/(人·天)	3042.08	
软件开发工作量占比	67.37%	依据2019年行业基准数据
软件实施工作量占比	32.63%	依据2019年行业基准数据
软件开发工作量/(人·天)	2049.45	
软件实施工作量/(人·天)	992.63	
软件开发人天费率	2100.00	元/(人·天)
软件实施人天费率	1500.00	元/(人·天)
软件开发费用/万元	430.38	
软件实施费用/万元	148.89	
软件项目整体费用/万元	579.28	

图4-3 项目整体费用计算结果

4.3.3 预算审核

项目预算审核单位在可研内审和审核过程中，审核单位对申报单位提报的项目可研报告和预算进行审核，审核依据为第3章系统开发实施类项目。具体审核内容见表4-3。

表4-3 审核内容

序号	审核指标	审核项目	审核内容
1	软件需求描述是否清晰、完整	可行性研究报告	(1) 检查是否采用了正确的文档模板。 (2) 检查关键章节（功能性描述部分）划分是否清晰合理，内容编写是否满足可以清晰识别数据功能和事务功能。 (3) 需求描述是否有重复和交叉
2	技术架构是否合理	可行性研究报告	(1) 架构设计内容描述是否清楚、完整。 (2) 架构设计是否满足企业要求
3	选择的评估方法是否合适	投资预算及审核表-软件规模估算页面	(1) 是否根据估算方法的选择要求，选择了合适的规模估算方法。 (2) 新开发项目选择预估功能点方法。 (3) 新开发项目需求非常清晰的情况下也可选择估算功能点方法。 (4) 对于升级改造项目以及采用已有数据功能完成新应用的开发，采用估算功能点法

续表

序号	审核指标	审核项目	审核内容
4	基准数据选择是否合适	投资预算及审核表-软件开发类费用页面	（1）生产率数据的选择是否正确。 （2）各调整因子的取值是否合理并符合项目实际情况。审核要点包括但不限于： 1）规模变更调整因子的选择是否与选择的规模估算方法对应。 2）应用类型调整因子的选择是否符合相应描述。 3）质量因素调整因子默认为1.0。 4）前端应用与中台数据的关系调整因子默认是1，是否根据实际情况进行了选择。 5）本系统对于开发语言是否有明确的要求或限制？如果没有则相关因子取值应为1.0；如果有则检查因子的选择是否与需求一致。 6）本系统对于开发团队背景是否有明确的要求？团队背景调整因子的取值是否准确？ 7）人天费率填写是否正确
5	规模估算结果计数项是否正确	投资预算及审核表-软件规模估算页面	（1）各功能点计数项命名是否清晰无歧义。 （2）有无重复的计数。 （3）有无明显的计数类型选择错误（比如逻辑文件和基本过程混淆）。 （4）各功能点计数项的重用程度填写是否有明显的错误
6	开发和实施工作量占比是否正确	投资预算及审核表-开发实施类费用页面	（1）是否对软件开发和实施工作量进行了区分。 （2）开发和实施工作量是否遵循行业基准数据的占比
7	项目投资预算是否合理	财务合规性	（1）项目建设内容与企业内已建设或已提出的项目功能是否存在重叠和交叉，重复立项。 （2）是否符合企业信息系统一体化建设方向，是否会产生新的数据孤岛。 （3）项目各环节工作量是否合理，项目开发、实施费用是否超过企业统一执行的标准

经过对申报单位提报的项目可研和预算进行审核，确认项目功能需求无重复和交叉、技术架构合理、财务合规。

经过对项目预算表的内容进行审查，确认项目规模估算方法、规模调整因子、工作量调整因子、人天费率数据符合项目的实际情况。但是在对功能规模进行审查的过程中，发现有3个功能项出现重复识别的情况，分别为估算结果表第10行来访记录信息与第15行出入记录信息重复，估算结果表第45行内部员工个人基本信息与第1行人员信息重复，估算结果表第49行企业健康建议与第44行健康建议信息重复，去掉重复的功能项所代表的功能点数后，审核后功能点规模为2485.00，如图4-4所示。

软件造价预算与审定结果	预算结果	审定结果	备　注
规模估算结果/功能点	2590.00	2485.00	功能点数
规模变更调整因子职值	1.39	1.39	根据项目阶段或项目属性取值
调整后规模/功能点	3600.10	3454.15	

图4-4　调整后规模

由于功能规模数据的改变，后续的工作量和项目费用都有所改变，最终审核后的项目整体费用为555.80万元，如图4-5所示。

软件开发工作量/(人·天)	2049.45	1966.37	
软件实施工作量/(人·天)	992.63	952.39	
软件开发人天单价	2100.00	2100.00	元/(人·天)
软件实施人天单价	1500.00	1500.00	元/(人·天)
软件开发费用/万元	430.38	412.94	
软件实施费用/万元	148.89	142.86	
软件项目整体费用/万元	579.28	555.80	

图4-5　项目整体费用

4.4 项目案例二

项目名称：某大型企业-财务管控日常费用管控模块优化-开发实施项目。

本案例是属于升级开发项目，是在已有系统功能的基础上进行增强功能的开发项目，采用行业标准的费用估算模型（方程法）估算软件费用，选择估算功能点方法估算软件规模。

4.4.1 建设内容

4.4.1.1 基础体系管理

完善预算基础体系设置功能，对成本费用预算管理基础体系进行管理，包含责任中心、编报流程、权限等内容，以更好实现对本单位的成本费用进行项目化管理、滚动编制、动态储备。具体功能如下：

（1）预算责任中心设置功能。用于设置日常费用管控模块涉及的责任中心范围，支持根据管理需求调整责任中心汇总关系，支持增加虚拟统计口径，展示不同统计口径的数据，包括部门预算调整前后对比汇总数据、单位预算调整前后对比汇总数据。

（2）预算期间设置功能。用于定义成本费用管理的周期类型及预算期间，支持年度、季度、月度、旬、周、日等周期类型的预算管理。在系统中创建并保存预算期间信息，属性包括年度、季度、月度、旬、周、日等信息，根据管理需要，可新增预算期间数据、删除预算期间数据、查询已有预算期间数据等。

（3）预算科目设置功能。可设置日常费用管控模块涉及的预算科目范围，如只需要引用电厂检修运维支出、其他运营费用、发电设施维护费等科目。该功能需要增加预算科目信息的属性，在界面上设置适用的科目信息操作功能，如新增科目信息、修改科目信息、删除科目信息、科目信息查询等。

（4）项目分类设置功能。用于设置项目的分类，后续需求提报、预算编制、预算查询均按此统计口径进行显示。在项目信息表中增加项目分类属性，在查询页面可根据项目类型进行相关信

息的查询。

（5）格式设置功能。用于设置需求提报、预算编制、预算调整等功能的展示格式，支持按项目分类进行设置。本功能需要新建格式信息，并对需求提报、预算编制、预算调整等功能的格式进行新增、修改、展示等。

（6）公式设置功能。用于设置格式需要应用的取数、运算、稽核公式。本功能用于创建格式中的数据计算所需的运算规则，便于完成数据的表内和表间校验，对于规则数据，可以进行规则的新增、修改、删除和查询。

（7）应用范围设置功能。用于设置格式的应用范围，哪个项目分类应用哪个展示格式。

（8）提报权限设置功能。用于按科目设置每个业务部门提报的项目分类权限，即每个项目分类都根据不同的部门设置不同的展示权限。

（9）项目归口权限设置功能。用于按科目设置各个层级归口权限，根据单位部门管理的需要对层级归口权限进行管理，需要创建组织层级归口权限信息，系统管理员可对归口权限进行新增、修改和查询。

（10）外包权限设置功能。用于设置外包项目的审核权限，审核流程和方式与系统现有的功能相同。

4.4.1.2 需求提报库

各单位将所要列支的各项费用，如差旅费、水电费、检修费等，根据费用归口管理、分解使用的具体情况进行项目化管理，并根据需要随时提报项目需求。各单位财务部门会同费用归口管理部门，对有关部门及所属单位提报需求进行项目初审，拟定项目优先级，汇总形成本地区项目需求提报库。该部分完善功能主要包括：

（1）日常费用管理主页功能。提供导航式业务处理方式，直观展示业务、财务需要处理的功能操作，满足业务部门、财务部门进行日常费用管理。

（2）业务部门发起需求提报申请功能。基层业务部门通过主页的对应年份的需求提报功能进行项目需求的提报，按具体的明细分类进行提报，修改需求提报的业务处理逻辑。

（3）归口审核功能。各级归口管理部门通过“归口审核”菜单或者主页上的“待归口审核数量”进入归口审核界面，填写归口审核金额及归口审核意见，对于不符合要求的项目可回退至申请部门的申请人，审核通过，提交至下一环节处理。归口审核意见信息为新建属性，与归口审核结果信息归属同一个逻辑实体。

（4）归口部门修改功能。对于项目的归口部门指定错误的情况，由归口部门提交项目给同级单位财务进行修改，修改完成后，根据修改后的归口部门分发至对应的部门进行归口审核。

（5）外包项目审核功能。对于外包项目，需人资部门进行审核，填写人资审核金额及人资审核意见，对于不符合要求的项目可控回退至申请部门的申请人。本功能要在所属项目信息中增加项目类型属性，以满足外包项目的管理要求，外包项目的审核流程增加了人资部门审核过程，其余流程与归口审核功能相同。

（6）财务审核功能。各级财务部门进行财务审核，填写财务审核金额和财务审核意见，对于不符合要求的项目可回退至申请部门的申请人。增加二级基层单位财务审核功能，二级单位审核通过后，转至总公司进行审核。

（7）预算调增功能。对已经纳入备案库的项目的预算进行调增，需要走与需求提报相同的审批流程，业务部门财务人员在系统中申请预算调整。本功能需增加预算调整信息表，包括已审批预算金额、拟调增金额、拟调减金额、申请日期、调增减原因等，由本部门负责人审批通过后，流转至公司领导审批。

（8）预算调减功能。对已经纳入备案库的项目的预算进行调减，业务流程和界面同“预算调增”。

（9）总公司应急项目下达功能。只有总公司财务部才有权限进行录入，下达后直接进入备案库，需要指定项目的所属单位及申请部门，自动带出下级单位。总公司填写基础信息及下达金额。本功能需要新建应急项目信息，包括项目类型、项目名称、所属单位、申请部门、项目预算、执行部门、联系人、联系电话等，总公司财务部录入信息后，可以进行信息的修改、删除、查询和统计操作。

（10）应急项目下达信息补充功能。根据申请部门下达项目给对应的部门，对应的业务部门补充完必填信息后，提交进入项目固化库。本功能属于修改应急项目信息的功能，归属业务部门可以进行信息的修改，系统保留修改记录，修改记录的保存内容与应急项目信息的属性相同。

（11）应急项目调整申请功能。基层单位各业务部门可自行发起应急项目调整，经过基层单位财务审核、市公司财务审核、总公司财务审核流程，纳入到年度备案库。

（12）项目在线评审。通过该模块可实现对需求提报库中的项目开展在线评审，也可实现 Excel 评审模板批量导入。同时能够实时展现各需求项目的评审状态、操作环节、评审数量等信息，便于及时掌握各业务部门项目评审情况，方便与业务部门沟通评审进度、问题等相关事项。本功能需新建项目在线评审信息文件，用于存储在线评审的状态信息，评审结果可通过 Excel 模板导入，也可以通过项目名称和编号等查询项目评审信息，按部门、项目类型或事件汇总项目评审结果。

4.4.1.3 项目固化库

（1）项目锁定功能。可在固化库中对项目进行锁定操作，需求提报库审核通过的项目默认为锁定状态，锁定状态的项目无法更改项目信息。通过界面上的项目锁定操作，锁定项目信息的修改和删除。

（2）项目解锁功能。可在固化库中对项目进行解锁操作，解锁后业务部门可以修改除金额、预算科目外其他信息。通过界面上的项目解锁定操作，锁定项目信息的修改和删除功能取消。

（3）项目信息变更功能。项目固化后，支持业务部门修改部分项目信息，项目金额、预算科目等关键信息不能修改。本功能对项目信息变更属性进行控制，可选择设置项目信息的哪些属性进行修改。

4.4.1.4 预算分解下达

总公司财务部根据预算下达数据对下级公司进行预算下达，下级公司再把预算分解至明细费用科目及各业务部门，业务部门根据下达的预算进行项目的预下达及正式下达，从项目固化库里边挑选项目进入年度预算库。

（1）预算下达功能。用于总公司下达预算给下级公司、下级公司下达预算给各业务部门，按可控费用、相对可控费用、严控费用进行预算下达，可分批进行下达，如 11 月份下达一次，便于下级单位进行项目的预安排。系统对这三类费用下达指令的方式和逻辑处理方式不同。

（2）按责任中心穿透下达功能。左侧列示下级单位，可切换单位进行下达，右侧表格显示所有需要下达的科目，输入数据后，下达的数据在返回的主界面下达数列显示。

（3）按预算科目穿透下达功能。左侧列示所有的科目，可切换科目进行下达，右侧表格显示下级单位，输入数据后，下达的数据在返回的主界面下达数列显示。

（4）预算分解功能。各业务部门接收到下级公司的下达数据后，需把费用分解到明细科目上。

（5）按责任中心穿透分解功能。左侧列示下级部门，可切换部门进行下达，右侧表格显示所有需要下达的科目，输入数据后，下达的数据在返回的主界面下达数列显示。

（6）按预算科目穿透分解功能。左侧列示所有的科目，可切换科目进行下达，右侧表格显示下级部门，输入数据后，下达的数据在返回的主界面下达数列显示。

（7）项目预安排功能。对于 1 季度、2 季度需要发生的项目，上级单位预算分解到业务部门后，由业务部门选择需要预安排的项目，纳入到年度预算库，并打上预安排标识（便于后续进行预安排数据统计），不能修改金额，此功能由总公司定期开启/关闭，开启/关闭信息属于控制信息，用于控制对预安排标识进行控制。

（8）年度预算安排功能。项目预安排阶段完成后，不再通过预安排功能选择需要执行的项目，通过年度预算安排功能把后续需要执行的项目纳入到年度预算库。该功能需要新建年度预算库信息文件，通过界面上的年度预安排功能，将相应需要执行的项目纳入到年度预算库中，并可修改纳入状态或回退。

（9）年度预算发布功能。由基层财务进行发布，只能发布已经纳入备案库的项目，可确认业务部门挑选到年度预算库的项目。支持实时查看项目的发布状态，对于发布失败的项目可查看失败原因，便于查找原因，提高预算发布的效率。

（10）项目启动功能。对于已经关闭的项目，可重新打开，在管控侧发起项目开启申请，开启时管控侧会检查对应的预算科目是否有可用预算，如有，则发送开启申请指令至 ERP，ERP 收到指令后进行项目开启，并反馈开启标识给管控侧，管控侧打上项目开启标识。本功能需创建项目启动信息文件，保存项目的启动或关闭属性，经判断为项目状态为关闭时，业务人员可申请开启项目，收到 ERP 发来的开启指令后进行项目的状态开启。业务人员可查询项目的当前状态，并点击项目启动/关闭按钮进行相应的操作。

（11）项目关闭功能。通过管控发送申请指令至 ERP，ERP 收到指令后进行相关检查校验，校验通过后进行关闭，并反馈关闭标识给管控，管控打上项目关闭标识。操作过程同上。

4.4.1.5 月度执行库

业务部门根据下月项目成本的预计发生情况，从年度备案库选择项目，同时录入下月计入成本的金额及预计时间，经财务审核后纳入月度执行库。该部分完善功能主要包括：

（1）月度预算编审功能。每月 22—23 日由基层单位业务部门对下月预算项目进行提报，选择下月需要入账的项目，填写入账时间及入账金额。

（2）月度预算发布功能。总公司财务人员对月度预算进行审核，并统一发布至 ERP 系统。

（3）月度预算调整功能。针对部分特殊情况，因上月编制时没有考虑到对应的项目需要发生业务，但本月需要紧急发生的业务，由业务部门发起月度预算调整（完善项目，追加预算）操作，需经过总公司财务进行审批，审批通过后，可以发生业务。

（4）月初预算调整功能。由于 ERP 不能实时回传执行数和业务上编制时间的原因，无法避免存在在途执行数的情况。因此，提供在月初调整预算功能。

4.4.1.6　预算查询分析

满足各层责任中心对项目储备情况、预算执行情况等信息进行查询的需求。

（1）项目明细查询功能。通过此查询功能查询项目的明细信息/状态，查询方式为展现项目列表，点击项目详细信息后，展示项目的详细信息页面。

（2）项目预算报表功能。按年度、季度分别展示各单位（部门）项目储备情况报表，包括项目预算情况、预算调整情况、比上年同比预算情况、季度环比预算支出情况等，在季度报表内容和年度报表内容在不同的页面展示。

（3）四库全景查询功能。按单位查询四库的项目数据、项目总金额，可分别展示一级储备、二级储备、三级储备的情况，支持按单元格穿透查询具体的明细项目。

（4）年度执行进度查询功能。按年按项目分类查询预算执行情况，支持按单位穿透查询。

（5）月度执行进度查询功能。按单位按专业查询预算执行情况，支持按单位穿透。

4.4.1.7 与其他系统集成

日常费用管控模块与ERP系统、项目储备管理平台、员工报销等系统集成的内容如下。

一、与ERP系统集成

1. 完善项目主数据信息集成接口

修改项目主数据信息，增加多维字段，如专业部门、专业细分、业务活动、用户类别、资产类型、成本中心等。

2. 完善项目预算发布接口

扩展原来的项目预算发布接口，增加月份字段，支撑月度成本预算的发布要求。本功能修改了预算发布信息文件，增加月份字段属性，点击页面上的发布按钮，完成项目预算信息推送至EPR系统。

3. 完善项目执行数回传接口

更改项目预算执行数回传接口，由传输年累计执行数更改为传输每笔记录的明细执行数据及入账金额，便于管控可以按年、月、周、日等周期类型统计执行情况。管控系统接收ERP系统的预算执行明细数据信息，并存储至本地供展示，保存成功后系统提示“数据操作正确”信息。

4. 完善项目关闭/开启申请指令传输及标识回传接口

完善项目关闭申请接口，对于后续不再执行或者暂时不能执行的项目，可在管控侧发起项目关闭申请，发送申请指令至ERP，对方反馈关闭标识给管控，管控打上项目关闭标识。

5. 完善项目开启申请接口

对于已经关闭的项目，可重新打开，在管控侧发起项目开启申请，开启时管控侧会检查对应的预算科目是否有可用预算，如有，则发送开启申请指令至ERP，对方反馈开启标识给管控，管控打上项目开启标识。

二、与项目储备管理平台集成

1. 接收综合计划的项目主数据及年度预算数据

从管控一级接收项目储备管理平台的项目主数据及年度数据

(基建项目及技改项目除外)，再下发给企业二级数据中心。

2. 传输专项成本性项目主数据及预算数据至管理平台

专项成本性项目统一在项目储备管理平台管理，如后续要检查各单位应用情况，可把此部分项目主数据及预算数据反馈至项目管理平台。

三、与员工报销系统集成

预算控制前移，把实时可用预算信息提供到员工报销系统，需修改接口。员工报销系统需完善，业务部门报销人员在录入报销单据时，如有超预算情况进行预警。

4.4.2　预算编制

4.4.2.1　规模估算方法

由于本日常费用管控模块优化项目是属于在已有数据基础上的功能新增、修改和完善工作，根据规模估算方法选择的原则，在进行规模估算时选择估算功能点法，见表4-4。

表4-4　　规模估算方法取值

规模估算方法	应用场景	规模调整因子	团队背景调整因子
预估功能点	新开发（数据功能和事务功能全部为新建）	1.39	1.0
估算功能点	在已有应用系统基础上做功能升级或修改	1.22	0.8
	采用已有的数据功能完成新应用的开发	1.22	1.0
	新开发（数据功能和事务功能描述非常详细）	1.22	1.0

4.4.2.2　规模估算

采用估算功能点法估算应用系统的规模时，要同时识别内部逻辑文件ILF、外部逻辑文件ELF、基本过程EI/EO/EQ的数量，并且根据对逻辑文件和基本过程的新增、修改程度，确定功能点计数类别的复用度和修改类型。因此，在对需求功能进行描述时，不管是创建新的逻辑文件，还是在现有逻辑文件中新增或删除属性，都要描述清楚，如果不加描述，则在功能点计数项中就无法/不能进行识别；在对基本过程进行描述时，要描述清楚是原有基本过程上的修改完善还是新增基本过程。

根据对逻辑文件和基本过程的描述，结合计算未调整的规模的规则，选定计数类别的重用度和修改类型。

单纯的界面修改和调整，由于不涉及到基本过程的增减，不能采用标准功能点法估算规模，这种情况采用了定制功能点方法进行估算。

在规模估算时，同一系统平台中，同一逻辑文件在计数时只能出现一次；对逻辑文件的操作，如果输出不同的属性，或对数据的处理逻辑不同，可以识别为多个基本过程。

估算规模时，在模板“项目名称-投资预算及审核表”的软件规模估算页面填写相应内容。

根据建设内容中的功能需求描述，可识别出的功能点计数项、类别和功能点数，以及汇总的功能规模（功能点数），具体见表 4-5。

表 4-5　　功能点计数项/类别和功能点结果

编号	子系统	一级模块	二级模块	三级模块	功能点计数项名称	类别	UFP	重用程度	修改类型	US
1	财务管控日常费用管控模块优化	基础体系管理	预算责任中心设置		调整责任中心汇总关系	EI	4			4.00
2					部门预算调整前后对比数据	EO	5			5.00
3					单位预算调整前后对比数据	EO	5			5.00

续表

编号	子系统	一级模块	二级模块	三级模块	功能点计数项名称	类别	UFP	重用程度	修改类型	US
4			预算期间设置		预算期间信息	ILF	10			10.00
5					新增预算期间数据	EI	4			4.00
6					删除预算期间数据	EI	4			4.00
7					查询预算期间数据	EQ	4			4.00
8			预算科目设置		预算科目信息	ILF	10	高	修改	2.67
9					新增科目信息	EI	4			4.00
10					修改科目信息	EI	4			4.00
11					删除科目信息	EI	4			4.00
12					查询科目信息	EQ	4			4.00
13			项目分类设置		项目信息表	ILF	10	高	修改	2.67
14					查询项目信息	EQ	4			4.00
15			格式设置		格式信息	ILF	10			10.00
16					新增格式	EI	4			4.00
17					修改格式	EI	4			4.00

续表

编号	子系统	一级模块	二级模块	三级模块	功能点计数项名称	类别	UFP	重用程度	修改类型	US
18					查询格式	EQ	4			4.00
19			公式设置		规则数据信息	ILF	10			10.00
20					新增规则信息	EI	4			4.00
21					修改规则信息	EI	4			4.00
22					删除规则信息	EI	4			4.00
23					查询规则信息	EQ	4			4.00
24			应用范围设置		设置格式应用范围	EI	4			4.00
25			项目提报权限设置		设置提报项目分类权限	EI	4			4.00
26			项目归口权限设置		组织层级归口权限信息	ILF	10			10.00
27					新增归口权限	EI	4			4.00
28					修改归口权限	EI	4			4.00
29					查询归口权限	EI	4			4.00
30			外包权限设置		设置审核权限	EI	4			4.00
31		需求提报库	日常费用管理主页修改		修改导航业务处理方式	EQ	4	低	修改	3.20

编号	子系统	一级模块	二级模块	三级模块	功能点计数项名称	类别	UFP	重用程度	修改类型	US
32			需求提报申请		需求提报申请	EI	4			4.00
33			归口审核		归口审核结果信息	ILF	10	高	修改	2.67
34					填写归口审核意见	EI	4			4.00
35			归口部门修改		修改归口部门	EI	4			4.00
36			外包项目审核		人资部门审核	EI	4			4.00
37			财务审核		二级基层单位财务审核	EI	4			4.00
38			预算调增		预算调整信息表	ILF	10			10.00
39					部门负责人审批	EI	4			4.00
40					公司领导审批	EI	4			4.00
41					预算调增申请	EI	4			4.00
42			预算调减		同预算调增（重复）					
43			总公司应急项目下达		应急项目信息	ILF	10			10.00
44					总公司下达应急项目	EI	4			4.00

续表

编号	子系统	一级模块	二级模块	三级模块	功能点计数项名称	类别	UFP	重用程度	修改类型	US
45					修改应急项目信息	EI	4			4.00
46					删除应急项目信息	EI	4			4.00
47					查询应急项目信息	EQ	4			4.00
48					出具应急项目信息报表	EO	5			5.00
49			补充应急项目信息		修改应急项目信息（重复）					
50			调整应急项目		申请调整应急项目	EI	4			4.00
51					部门财务审核申请	EI	4			4.00
52					下级财务审核申请	EI	4			4.00
53					总公司财务审核申请	EI	4			4.00
54			项目在线评审		项目在线评审信息	ILF	10			10.00
55					导入评审结果	EI	4			4.00
56					查询评审信息	EQ	4			4.00
57					评审结果出具表	EO	5			5.00

续表

编号	子系统	一级模块	二级模块	三级模块	功能点计数项名称	类别	UFP	重用程度	修改类型	US
58		项目固化库	项目锁定		锁定项目信息	EI	4			4.00
59			项目解锁		解锁项目信息	EI	4			4.00
60			项目信息变更		设置项目信息变更属性	EI	4			4.00
61		预算分解下达	预算下达		可控费用预算下达	EI	4			4.00
62					相对可控费用预算下达	EI	4			4.00
63					严控费用预算下达	EI	4			4.00
64			按责任中心穿透下达		按责任中心穿透下达预算	EI	4			4.00
65			按预算科目穿透下达		按预算科目穿透下达预算	EI	4			4.00
66			预算科目穿透分解		分解预算科目穿透预算	EI	4			4.00
67			项目预安排		预安排控制信息	ILF	10			10.00
68					开启/关闭安排	EI	4			4.00
69			年度预算安排		年度预算库信息	ILF	10			10.00

续表

编号	子系统	一级模块	二级模块	三级模块	功能点计数项名称	类别	UFP	重用程度	修改类型	US
70					年度预安排	EI	4			4.00
71					修改纳入状态	EI	4			4.00
72					回退预安排项目预算	EI	4			4.00
73			年度预算发布		发布年度预算	EI	4			4.00
74					查看预算发布信息	EQ	4			4.00
75			项目启动		项目启动/关闭信息	ILF	10			10.00
76					申请项目启动状态	EI	4			4.00
77					查询项目当前状态	EQ	4			4.00
78					启动项目	EI	4			4.00
79			项目关闭		申请项目关闭状态	EI	4			4.00
80					关闭项目	EI	4			4.00
81		月度执行库	月度预算编审		提报下月预算项目	EI	4			4.00
82			月度预算发布		审核月度预算	EI	4			4.00
83					预算统一发布至 ERP	EQ	4			4.00
84			月度预算调整		申请月度预算调整	EI	4			4.00

续表

编号	子系统	一级模块	二级模块	三级模块	功能点计数项名称	类别	UFP	重用程度	修改类型	US
85					总公司财务审批调整	EI	4			4.00
86			月初预算调整		月初预算调整	EI	4			4.00
87		预算查询分析	项目明细查询		查询项目列表	EQ	4			4.00
88					查询项目详细信息	EQ	4			4.00
89			项目预算报表		年度预算报表信息	EO	5			5.00
90					季度预算报表信息	EO	5			5.00
91			四库全景查询		四库项目数据综合列表查询	EQ	4			4.00
92					四库项目数据综合详细信息查询	EQ	4			4.00
93			年度执行进度查询		查询项目年度预算执行情况	EO	5			5.00
94			月度执行进度查询		查询项目月度预算执行情况	EO	5			5.00
95		与其他系统集成	与 ERP 系统集成		—					
96			与项目储备管理平台集成		接收项目主数据信息	EI	4			4.00

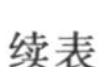

续表

编号	子系统	一级模块	二级模块	三级模块	功能点计数项名称	类别	UFP	重用程度	修改类型	US
97					接收年度数据信息	EI	4			4.00
98					专项成本项目主数据反馈项目管理平台	EQ	4			4.00
99					专项成本项目预算信息反馈项目管理平台	EQ	4			4.00
100			与员工报销系统集成		实时预算信息推送至员工报销系统	EQ	4			4.00
合计							474			451.20

可以看出，该项目模块功能共识别出 451.20 个功能点。

4.4.2.3 调整因子选择

一、规模调整因子

根据选择的规模估算方法，以及估算场景、该项目是在已有应用系统上做的功能完善的情况，规模调整因子选择 1.22。

二、质量因素调整因子

分为分布式处理、性能、可靠性和多重站点，默认具有较高的质量特性，调整因子均为 0，该项综合值为 1.0。

计算公式如下：

$$V=1+0.025\times\sum 各子项因子取值$$

三、开发语言调整因子

该项目模块开发语言为 Java，调整因子为 1.0。

四、开发团队背景调整因子

由于本次开发是属于升级类功能开发，属于“为本行业开发过类似的软件”的场景，该调整因子为 0.8。

五、前端应用与中台数据的关系调整因子

本系统未提及中台数据，默认业务数据的处理逻辑需要重新设计开发，调整因子取值 1.0。

六、应用类型

本次开发的业务应用属于普通业务处理，调整因子为 1.0，调整因子取值如图 4－6 所示。

相关因素			调整因子
规模变更调整因子		采用已有的数据功能完成新应用的开发	1.22
质量因素（工作量调整因子）	分布式处理	通过网络进行客户端/服务器及网络基础应用分布处理和传输	0.00
	性能	应答时间或处理率对高峰时间或所有业务时间来说都很重要，存在对连动系统结束处理时间的限制	0.00
	可靠性	发生故障时带来较多不便或经济损失	0.00
	多重站点	在设计阶段需要考虑不同站点的相似硬件或软件环境下运行需求	0.00
开发语言（技术复杂度调整因子）		Java、C＋＋、C＃及其他同级别语言/平台	1.00
开发团队背景（技术复杂度调整因子）		为本行业开发过类似的软件	0.80
前端应用与中台数据的关系（业务复杂度）		前端应用过程进行业务处理时需要重新设计和处理业务逻辑	1.00
应用类型（业务复杂度）		普通业务处理	1.00

图 4－6　调整因子取值

4.4.2.4　工作量估算

根据方程法估算的计算公式如下：

调整后工作量=(调整后规模×生产率)/8×软件因素调整因子×开发因素调整因子×前端应用与中台数据的关系调整因子

其中：工作量的单位为人·天。

软件因素调整因子包括应用类型、质量要求等，开发因素包括开发语言、开发团队背景等。

依据行业费用估算模型设计的预算表“项目名称-投资预算及审核表”，在开发实施类费用页面中选择相应的调整因子后，会自动计算出总体工作量。

软件开发实施类项目工作分为系统开发和系统实施两种类别。根据《中国软件行业基准数据》(CSBMK2019) 中软件过程工作量占比，将总体工作量分为系统开发工作量和系统实施工作量。

工作量计算结果如图 4-7 所示。

软件造价预算与审定结果		预算结果	审定结果	备　注
规模估算结果/功能点		451.20	451.20	功能点数
规模变更调整因子取值		1.22	1.22	根据项目阶段或项目属性取值
调整后规模/功能点		550.46	550.46	
基准生产率/[(人·时)/功能点]		6.76	6.76	能源行业生产率中位数
未调整工作量/(人·天)		465.14	465.14	
调整因子	与中台数据的关系	1.00	1.00	前端应用与中台数据的逻辑关系
	应用类型	1.00	1.00	根据应用系统实际类型职值
	质量特性	1.00	1.00	无特别限定
	开发语言	1.00	1.00	无特别限定
	开发团队背景	0.80	0.80	升级类开发
调整后工作量/(人·天)		372.11	372.11	
软件开发工作量占比		67.37%	67.37%	依据 2019 年行业基准数据
软件实施工作量占比		32.63%	32.63%	依据 2019 年行业基准数据
软件开发工作量/(人·天)		250.69	250.69	
软件实施工作量/(人·天)		121.42	121.42	

图 4-7　工作量计算结果

4.4.2.5　费用估算

根据工作量的计算结果，估算软件开发实施项目费用时，只需乘以对应的人天费率即可计算出系统开发和系统实施类工作的费用。

系统开发类人员的费率以 2100 元/(人・天) 计，系统实施类人员的费率以 1500 元/(人・天) 计。

软件开发实施类费用计算结果如图 4-8 所示。

调整后工作量/(人・天)	372.11	372.11	
软件开发工作量占比	67.37%	67.37%	依据 2019 年行业基准数据
软件实施工作量占比	32.63%	32.63%	依据 2019 年行业基准数据
软件开发工作量/(人・天)	250.69	250.69	
软件实施工作量/(人・天)	121.42	121.42	
软件开发人天费率	2100.00	2100.00	元/(人・天)
软件实施人天费率	1500.00	1500.00	元/(人・天)
软件开发费用/万元	52.65	52.65	
软件实施费用/万元	18.21	18.21	
软件项目整体费用/万元	70.86	70.86	

图 4-8　软件开发实施类费用计算结果

4.4.3　预算审核

项目预算审核单位在可研内审和审核过程中，审核单位对申报单位提报的项目可研报告和预算进行审核，审核依据为第 3 章系统开发实施类项目。具体审核内容见表 4-6。

经过对申报单位提报的项目可研和预算进行审核，确认项目功能需求无重复和交叉、技术架构合理、财务合规。

经过对项目预算表的内容进行审查，确认项目规模估算方法和估算结果、规模调整因子、工作量调整因子、人天费率数据符合项目的实际情况。

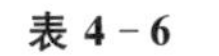

表 4-6　　审核内容列表

序号	审核指标	审核项目	审核内容
1	软件需求描述是否清晰、完整	可行性研究报告	（1）检查是否采用了正确的文档模板。 （2）检查关键章节（功能性描述部分）划分是否清晰合理，内容编写是否满足可以清晰识别数据功能和事务功能。 （3）需求描述是否有重复和交叉
2	技术架构是否合理	可行性研究报告	（1）架构设计内容描述是否清楚、完整。 （2）架构设计是否满足企业要求
3	选择的评估方法是否合适	投资预算及审核表-软件规模估算页面	（1）是否根据估算方法的选择要求，选择了合适的规模估算方法。 （2）新开发项目选择预估功能点方法。 （3）新开发项目需求非常清晰的情况下也可选择估算功能点方法。 （4）对于升级改造项目以及采用已有数据功能完成新应用的开发，采用估算功能点法
4	基准数据选择是否合适	投资预算及审核表-软件开发类费用页面	（1）生产率数据的选择是否正确。 （2）各调整因子的取值是否合理并符合项目实际情况。审核要点包括但不限于： 1）规模变更调整因子的选择是否与选择的规模估算方法对应。 2）应用类型调整因子的选择是否符合相应描述。 3）质量因素调整因子默认取值为 1。 4）前端应用与中台数据的关系调整因子默认是 1，是否根据实际情况进行了选择。 5）本系统对于开发语言是否有明确的要求或限制？如果没有则相关因子取值应为 1；如果有则检查因子的选择是否与需求一致。 6）本系统对于开发团队背景是否有明确的要求？团队背景调整因子的取值是否准确？ 7）人天费率填写是否正确
5	规模估算结果计数项是否正确	投资预算及审核表-软件规模估算页面	（1）各功能点计数项命名是否清晰无歧义。 （2）有无重复的计数。 （3）有无明显的计数类型选择错误（比如逻辑文件和基本过程混淆）。 （4）各功能点计数项的重用程度填写是否有明显的错误

续表

序号	审核指标	审核项目	审 核 内 容
6	开发和实施工作量占比是否正确	投资预算及审核表-开发实施类费用页面	(1) 是否对软件开发和实施工作量进行了区分。 (2) 开发和实施工作量是否遵循行业基准数据的占比
7	项目投资预算是否合理	财务合规性	(1) 项目建设内容与电力企业、系统内单位已建设或已提出的项目功能是否存在重叠和交叉，重复立项。 (2) 是否符合企业信息系统一体化建设方向，是否会产生新的数据孤岛。 (3) 项目各环节工作量是否合理，项目开发、实施费用是否为企业统一执行的标准

参 考 文 献

[1] 中国市场监督管理总局，中国国家标准化管理委员会. 软件工程 软件开发成本度量规范：GB/T 36964—2018［S］. 北京：中国标准化出版社，2019.

[2] 国际标准化组织. 软件工程 NESMA 功能规模测量方法：ISO/IEC 24570—2018［S］. 北京：中国质检出版社，2018.

[3] 中华人民共和国工业和信息化部. 软件工程 功能规模测量 NESMA 方法：SJ/T 11619—2016［S］. 北京，2016.

[4] 北京市市场监督管理局. 信息化项目软件开发费用测算规范：DB11/T 1010—2019［S］. 北京，2019.

[5] 河北省市场监督管理局. 软件开发项目造价评估：DB13/T 2106—2014［S］. 石家庄，2014.